やさしく
わかりやすい
化学基礎

卜部吉庸 著

文英堂

この本の特色と使い方

　この本は，化学基礎の内容を基礎の基礎からやさしくわかりやすく解説しています。重要語句を中心に，化学基礎の知識が身につくようなつくりにしました。

　ひとつの単元を2ページにまとめていますので，勉強したいところから始められます。また，問題では取り組みやすいものを扱っていますので，無理なく進めることができます。

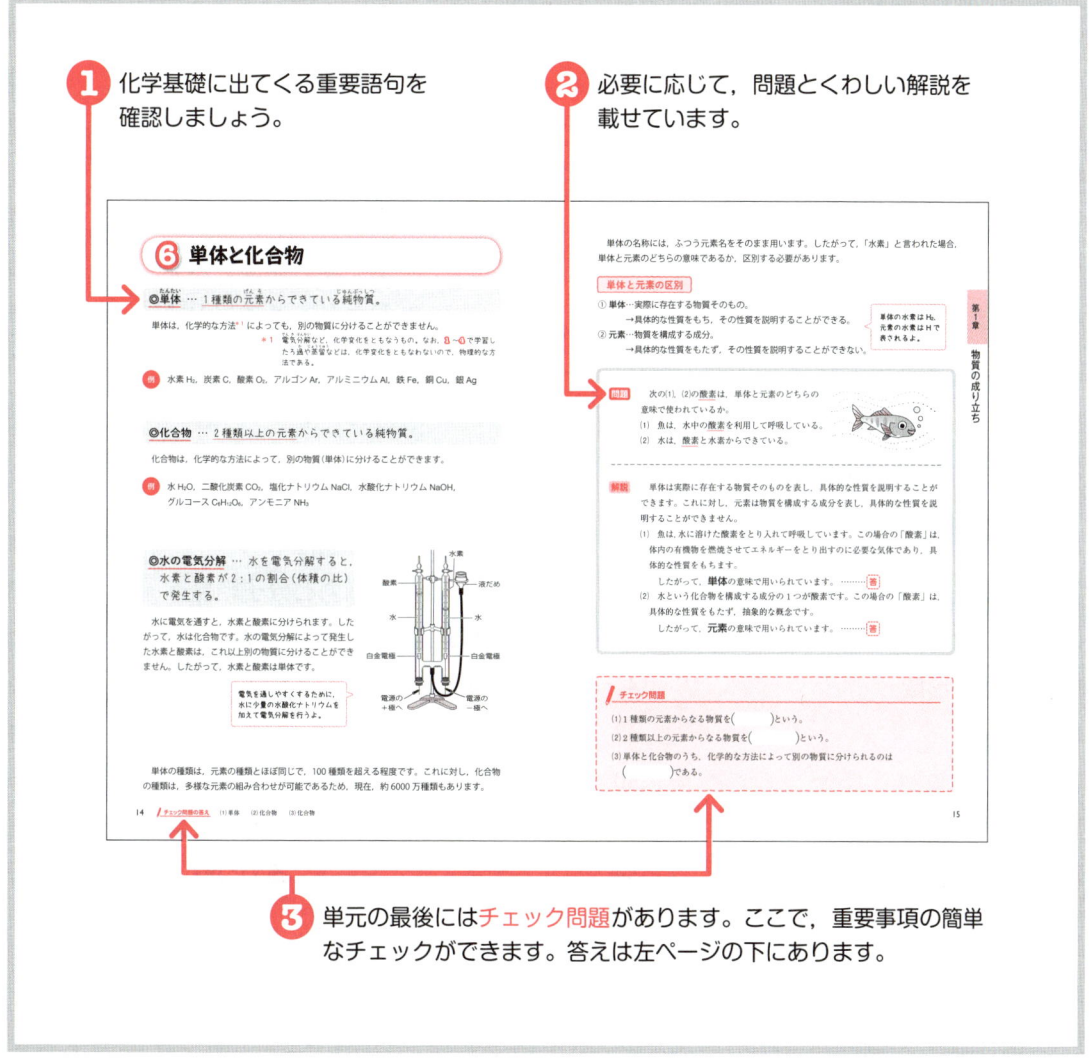

❶ 化学基礎に出てくる重要語句を確認しましょう。

❷ 必要に応じて，問題とくわしい解説を載せています。

❸ 単元の最後にはチェック問題があります。ここで，重要事項の簡単なチェックができます。答えは左ページの下にあります。

　各章の最後には，確認テストをつけました。基本的な問題を載せていますので，学習した内容が身についているかどうか，確認しましょう。

もくじ

第1章 物質の成り立ち

1	物質とその分離① ろ過	4
2	物質とその分離② 蒸留, 分留	6
3	物質とその分離③ 再結晶, 蒸発, 昇華法	8
4	物質とその分離④ 抽出, クロマトグラフィー	10
5	元　素	12
6	単体と化合物	14
7	同素体	16
8	成分元素の検出	18
9	物質の三態	20
10	粒子の熱運動と温度	22
11	原子の構造	24
12	同位体	26
13	原子の電子配置	28
14	元素の周期表	30
15	イオン	32
16	イオン化エネルギーと電子親和力	34
● 第1章の確認テスト		36
● コラム　イオンの発見		39

第2章 化学結合

17	イオン結合	40
18	組成式	42
19	イオン結晶	44
20	分子の形成	46
21	電子式	48
22	構造式	50
23	分子の形	52
24	配位結合, 電気陰性度	54
25	分子の極性	56
26	分子間力と分子結晶	58
27	共有結合の結晶	60
28	金属結合と金属結晶	62
29	化学結合のまとめ	64
● 第2章の確認テスト		66
● コラム　電子レンジで食品が温められるしくみ		69

第3章 物質量と化学反応式

- **30** 原子量・分子量・式量 　70
- **31** 物質量① アボガドロ数 　72
- **32** 物質量② モル質量，モル体積 　74
- **33** 物質量③ 物質量の計算 　76
- **34** 気体の密度と分子量 　78
- **35** 物質の溶解と溶解度 　80
- **36** 溶液の濃度 　82
- **37** 化学反応式 　84
- **38** イオン反応式 　86
- **39** 化学反応の量的関係① 　88
- **40** 化学反応の量的関係② 　90
- **41** 化学の基本法則 　92
  - ● 第3章の確認テスト 　94
  - ● コラム　原子量の基準はどう変わったのか 　97

第4章 酸と塩基の反応

- **42** 酸と塩基 　98
- **43** 酸・塩基の定義と価数 　100
- **44** 酸・塩基の強弱 　102
- **45** 水の電離と水素イオン濃度 　104
- **46** pH（水素イオン指数） 　106
- **47** 中和反応 　108
- **48** 塩の性質 　110
- **49** 中和滴定 　112
- **50** 滴定曲線 　114
  - ● 第4章の確認テスト 　116
  - ● コラム　日常生活と酸・塩基 　119

第5章 酸化と還元

- **51** 酸化・還元の定義 　120
- **52** 酸化数 　122
- **53** 酸化剤と還元剤 　124
- **54** 酸化剤・還元剤の半反応式 　126
- **55** 酸化還元反応式 　128
- **56** 酸化還元滴定 　130
- **57** 金属のイオン化傾向 　132
- **58** 電池の原理 　134
- **59** 電気分解 　136
  - ● 第5章の確認テスト 　138

さくいん　141

1 物質とその分離① ろ過

◎**純物質** … ただ**1種類**の物質でできているもの。
◎**混合物** … **2種類以上**の物質からできているもの。

	純物質	混合物
特徴	融点*1や沸点*2が一定である。	融点や沸点が一定ではない。
物質の例	酸素, 水素, 水, 二酸化炭素	空気, 海水, 石油, 岩石
加熱したときの温度変化	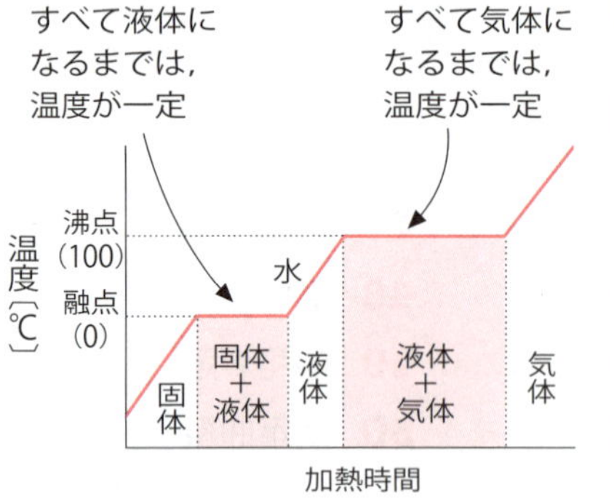 すべて液体になるまでは、温度が一定 / すべて気体になるまでは、温度が一定（固体→固体+液体→液体→液体+気体→気体）	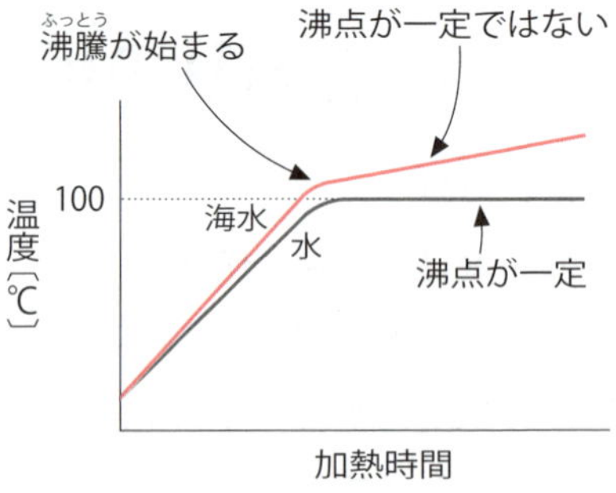 沸騰が始まる / 沸点が一定ではない（海水）/ 沸点が一定（水）
その他	人工的につくられた物質が多い。	天然の物質に多くみられる。

*1 固体がとけて液体になる温度。　例 水の融点…0 ℃　塩化ナトリウムの融点…801 ℃
*2 液体が沸騰して気体になる温度。　例 水の沸点…100 ℃　塩化ナトリウムの沸点…1412 ℃

◎**物質の分離** … 混合物から純物質をとり出す操作。
◎**物質の精製** … 物質から不純物をとり除き, 物質の純度を高める操作。

物質の分離と精製は, 同時に行われることが多いです。

4　チェック問題の答え　(1)純物質, 混合物　(2)一定　(3)精製　(4)ろ過

◎ろ過 … 液体と液体に溶けていない固体を，ろ紙などを用いて分離する方法。ろ紙を通り抜けた液体を**ろ液**という。

ろ過は，液体を構成する粒子と固体の粒子の大きさの違いを利用した物質の分離法です。

例　砂が混じった海水から，海水をとり出す

砂の粒子は，ろ紙の繊維のすき間より大きいので，ろ紙を通過できません。これに対し，海水を構成する粒子は，ろ紙の繊維のすき間より小さいので，ろ紙を通過することができます。

ろ過の留意点

① ガラス棒の先は，ろ紙の重なったところに当てる。
② 試料液は，ガラス棒を伝わらせて静かに注ぐ。
③ 注ぐ試料液の量は，ろ紙の8分目程度までにする。
④ ろうとの先は，ビーカーの内壁につけておく。

②と④は特に重要！
テストにも出やすいよ。

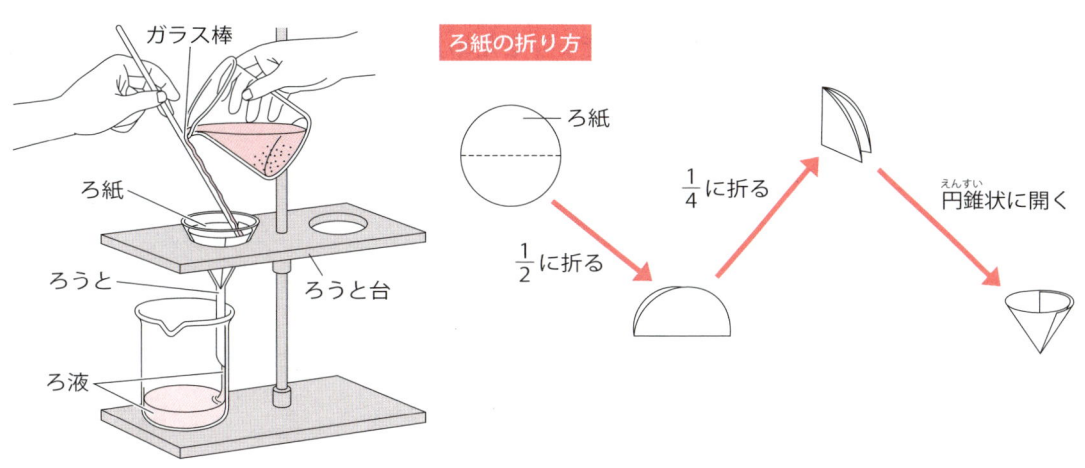

チェック問題

(1) ただ1種類の物質でできているものを(　　　　　)といい，2種類以上の物質からできているものを(　　　　　)という。

(2) 純物質の融点や沸点は(　　　　　)である。

(3) 物質から不純物をとり除き，その純度を高める操作を，物質の(　　　　　)という。

(4) 液体と液体に溶けていない固体をろ紙などを使って分離する操作を(　　　　　)という。

第1章　物質の成り立ち

2 物質とその分離② 蒸留，分留

◎**蒸留**… 溶液を加熱して生じた蒸気を冷却し，再び液体として物質を分離する方法。

蒸留は，各成分物質の沸点の違いを利用した物質の分離法です。

蒸留の留意点

① 温度計の下端部の位置を，フラスコの枝の付け根に合わせる。
　（発生した蒸気の温度を正確にはかるため。）　←①と③は特に重要！しっかり覚えておこう。

② 溶液の量は，フラスコの容量の半分以下にし，沸騰石を入れる。
　（半分以下にするのは，溶液が沸騰したときに溶液が枝管に入りこまないようにするため。）

③ 冷却水は，リービッヒ冷却器の下方から上方へと流す。
　（冷却器内を水で満たし，冷却効果を大きくするため。）

④ ゴム栓などで三角フラスコを密閉しない。
　（密閉すると，蒸留装置全体の圧力が高くなり，危険であるため。）

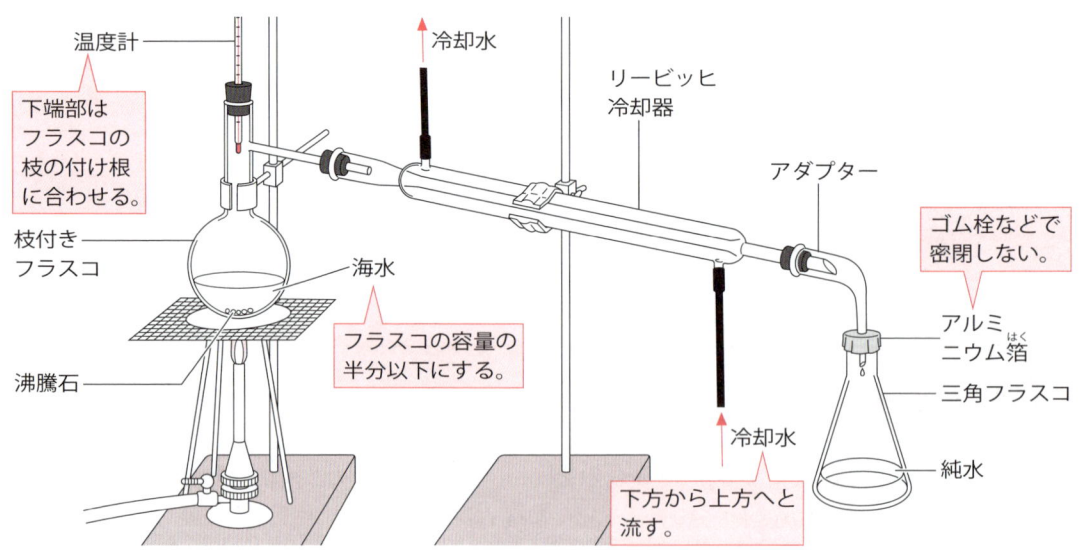

例　海水から水をとり出す

上の図のように，海水を枝付きフラスコに入れて加熱すると，約 100 ℃で沸騰が起こります。発生した水蒸気は枝管から出ていきますが，リービッヒ冷却器を通るときに冷却され，液体の水となって三角フラスコにたまります。なお，急激に起こる沸騰（**突沸**）を防ぐために，**沸騰石**（素焼きの小片）を入れてから加熱します。

チェック問題の答え　(1)蒸留　(2)沸点　(3)沸騰石　(4)分留

◎**分留** … 液体の混合物を蒸留し，沸点が異なる各成分に分離する方法。

例 原油の分留

地中から得られる石油（原油）は，多くの種類の炭化水素（炭素Cと水素Hの化合物）などからなる混合物です。原油は，下の図のような分留塔を用いて，石油ガス，ナフサ，灯油，軽油など，沸点が異なる各成分に分離され，利用されています。

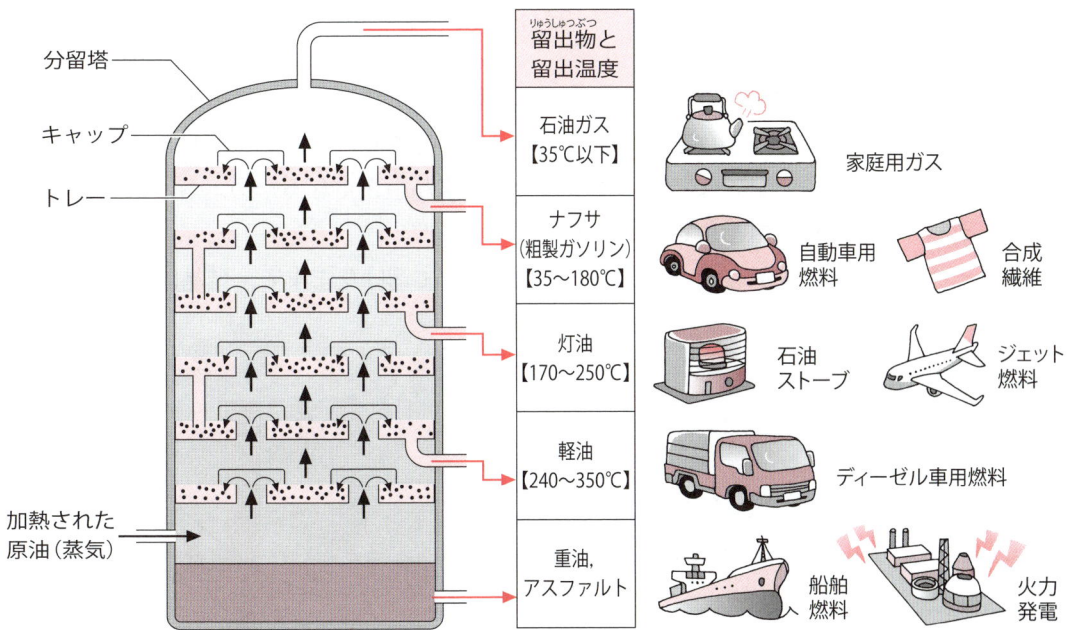

分留塔の内部には，細孔があるトレーが数十段もあり，上方へいくほど温度が低くなっている。
加熱された原油の蒸気は下方から分留塔に送られ，沸点が低い成分の蒸気ほど上方のトレーまで進んで液体になり，沸点が高い成分の蒸気ほど下方のトレーで液体になる。
このようにして，原油は，一定の留出温度の範囲にある各成分に分離される。

✏️ **チェック問題**

(1) 溶液を加熱して生じた蒸気を冷却し，再び液体として分離する方法を（　　　　）という。

(2) 蒸留は，各成分物質の（　　　　）の違いを利用した物質の分離法である。

(3) 蒸留を行うときは，突沸を防ぐために，液体に（　　　　）を入れてから加熱する。

(4) 液体の混合物を蒸留し，沸点が異なる各成分に分離する方法を（　　　　）という。

第1章 物質の成り立ち

7

3 物質とその分離③ 再結晶，蒸発，昇華法

◎**再結晶** … 高温の溶液[*1]を冷却して，純粋な結晶をとり出す方法。

[*1] 液体に物質が溶けたものを**溶液**という。このとき，物質を溶かした液体を**溶媒**といい，液体に溶けた物質を**溶質**という（→ 35）。

再結晶は，温度による固体の溶解度[*2]の差を利用した分離法であるといえます。

[*2] 溶媒100gに溶けうる物質の限度量〔g〕（→ 35）。

例 少量の不純物を含む硝酸カリウムから，純粋な硝酸カリウムをとり出す

不純物を含む硝酸カリウムを，高温の水に溶かして飽和水溶液をつくります。この水溶液を冷却すると，低温では硝酸カリウムの溶解度が小さくなるため，溶けきれなくなった硝酸カリウムが結晶として析出します。

含まれる不純物は少量なので，低温でも水溶液中に溶けたままで，結晶は析出しません。

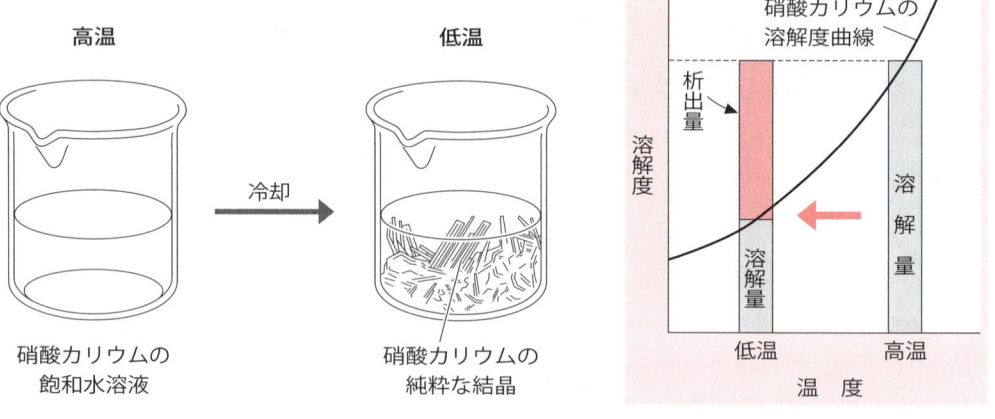

◎**蒸発による分離** … 溶液を加熱して，不揮発性の成分を固体として残す方法。

例 塩化ナトリウム水溶液から塩化ナトリウムをとり出す

塩化ナトリウム水溶液を蒸発皿に入れてガスバーナーで加熱すると，揮発性の水だけが蒸発します。そのため，蒸発皿には不揮発性の塩化ナトリウムの結晶だけが残ります。

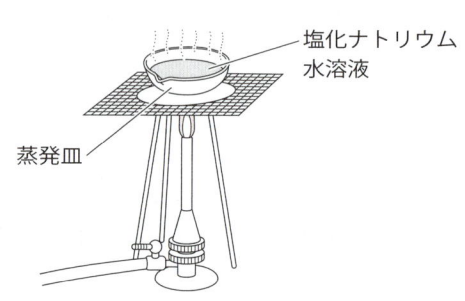

チェック問題の答え　(1)再結晶　(2)溶解度　(3)蒸発　(4)昇華法

蒸留と蒸発の違い

① 揮発性の成分をとり出し，液体として分離する → 蒸留

② 不揮発性の成分を残して，固体として分離する → 蒸発

◎**昇華法** … 固体が直接気体になる状態変化（**昇華**）を利用した物質の分離法。

昇華法は，ヨウ素，ナフタレン，パラジクロロベンゼンなど，昇華しやすい物質の分離や精製に用いられます。

例 砂を含むヨウ素から，純粋なヨウ素をとり出す

砂を含むヨウ素の固体をビーカーに入れておだやかに加熱すると，ヨウ素だけが昇華して，紫色のヨウ素の蒸気（気体）となります。この蒸気が冷水を入れたフラスコに触れると冷却されて，黒紫色のヨウ素の結晶が析出します。

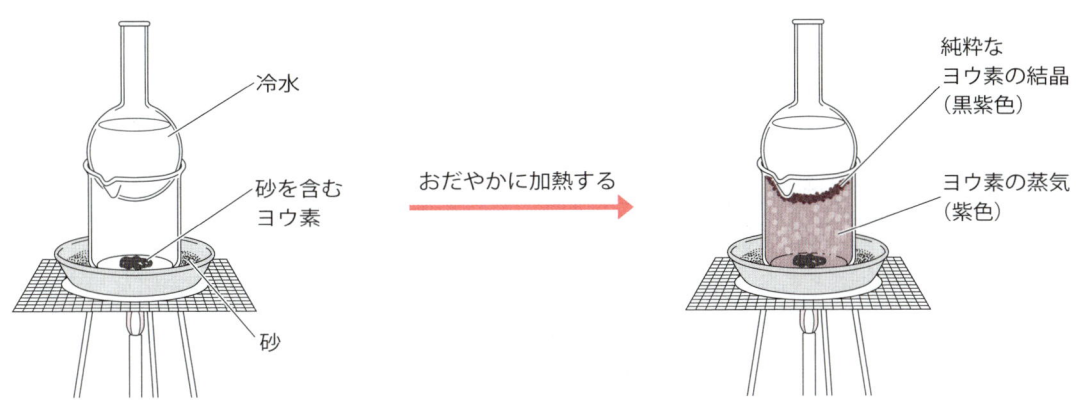

チェック問題

(1) 高温の溶液を冷却して，純粋な結晶をとり出す方法を（　　　　　）という。

(2) 再結晶は，温度による物質の（　　　　　）の違いを利用した分離法である。

(3) 溶液を加熱して，不揮発性の成分を固体として残す方法では，物質の（　　　　　）という状態変化を利用している。

(4) 固体が直接気体になる状態変化を利用した物質の分離法を（　　　　　）という。

第1章 物質の成り立ち

4 物質とその分離④ 抽出, クロマトグラフィー

◎**抽出** … 混合物に含まれる目的の物質を, 適当な溶媒に溶かして分離する方法。

抽出は, 溶媒に対する溶解度の違いを利用した分離法です。

例1 コーヒーの抽出

コーヒーは, コーヒー豆に含まれる成分のうち, 熱湯に溶け出すものだけを抽出しています。熱湯を通した後のコーヒー豆はフィルター上に残るので, 抽出と同時に, ろ過も行っていることになります。

> 緑茶や紅茶も同じように, 茶葉に含まれている成分のうち, 熱湯に溶け出すものだけを抽出しているよ。

例2 ヘキサン[*1](有機溶媒)によるヨウ素 I_2 の抽出

分液ろうとにヨウ素溶液[*2]を入れ, さらにヘキサンを加えます。分液ろうとを両手で持ってよく振り, しばらく静置すると, ヨウ素は水よりヘキサンに溶けやすい[*3]ため, 水層からヘキサン層に移動します。

ヨウ素の移動にともなって, 水層の褐色はうすくなり, ヘキサン層が紫色になります。

* 1 石油のガソリンに含まれる成分の1つで, 水に不溶の液体。水より密度が小さい。
* 2 ヨウ素 I_2 をヨウ化カリウム KI の水溶液に溶かしたもの。
* 3 ヨウ素は無極性分子からなるので, 極性溶媒の水より無極性溶媒のヘキサンに溶けやすい(→ 35)。

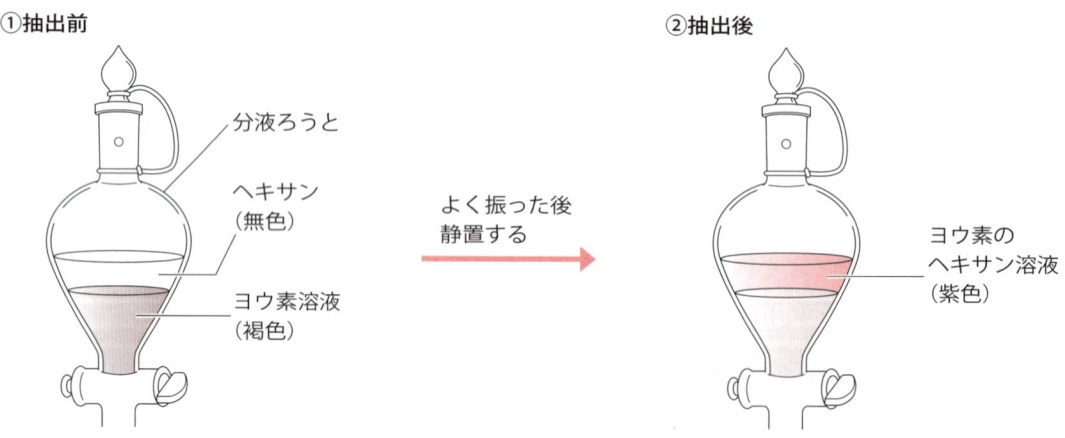

①抽出前 … 分液ろうと／ヘキサン(無色)／ヨウ素溶液(褐色)
よく振った後静置する →
②抽出後 … ヨウ素のヘキサン溶液(紫色)

▶チェック問題の答え　(1)抽出　(2)溶解度　(3)分液ろうと　(4)クロマトグラフィー
(5)ペーパークロマトグラフィー

◎クロマトグラフィー*4 … 物質によってろ紙やシリカゲルなどに対する吸着力が異なることを利用して，混合物を分離する方法。

*4 ギリシャ語のクロマ（色）＋グラフ（記録）に由来する。

クロマトグラフィーは，色素の分離には特に有効な方法です。クロマトグラフィーのうち，ろ紙を用いる場合を特にペーパークロマトグラフィーといいます。

例 水性サインペンの黒色インクからの色素の分離

サインペンの黒色インク（さまざまな色素の混合物）をろ紙の一端につけ，アルコールなどの溶媒（展開液）に浸すと，溶媒が毛細管現象*5 によって上昇するのにともない，各色素が異なる位置に分離されます。

*5 液体の表面張力によって，液体が細い管の中を上昇する現象。

- ろ紙に対する吸着力が弱い色素…移動速度が速く，上方に分離される。
- ろ紙に対する吸着力が強い色素…移動速度が遅く，下方に分離される。

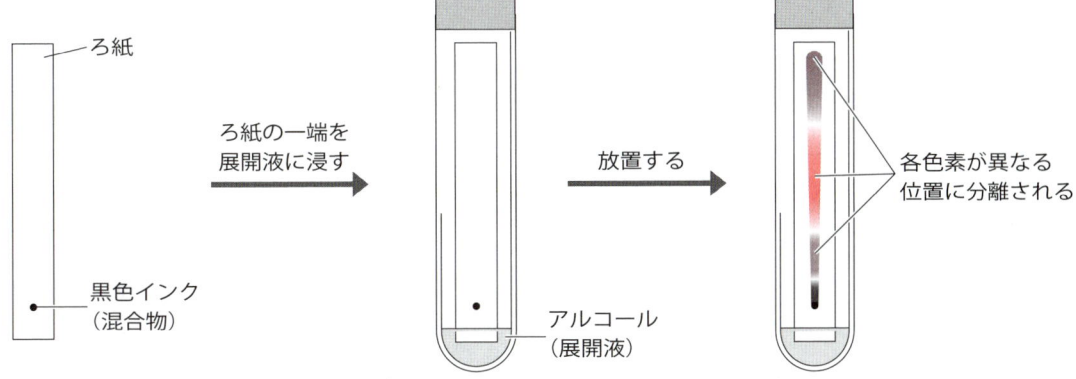

チェック問題

(1) 混合物に含まれる目的の物質を，適当な溶媒に溶かして分離する方法を（　　　　）という。

(2) 抽出は，溶媒に対する（　　　　　）の違いを利用した物質の分離法である。

(3) 抽出では，（　　　　　　　　）とよばれるガラス器具が使われることが多い。

(4) 物質に対する吸着力の違いを利用して混合物を分離する方法を
（　　　　　　　　　　）という。

(5) ろ紙を用いたクロマトグラフィーを，特に
（　　　　　　　　　　　　）という。

5 元 素

◎<u>元素</u>…物質を構成する<u>基本的な成分</u>。現在,約110種類が知られている。

◎<u>元素記号</u>…元素を表す世界共通の記号。<u>アルファベット1文字または2文字で表される。</u>

次の表の元素名と元素記号は,必ず覚えておきましょう。

元素名	元素記号
水素	H
ヘリウム	He
リチウム	Li
ベリリウム	Be
ホウ素	B
炭素	C
窒素	N
酸素	O
フッ素	F
ネオン	Ne
ナトリウム	Na
マグネシウム	Mg
アルミニウム	Al
ケイ素	Si
リン	P
硫黄	S
塩素	Cl
アルゴン	Ar
カリウム	K
カルシウム	Ca

原子番号(→11)1〜20の元素。必ず覚えよう!

元素名	元素記号
鉄	Fe
銅	Cu
亜鉛	Zn
臭素	Br
銀	Ag
スズ	Sn
ヨウ素	I
金	Au
水銀	Hg
鉛	Pb

原子番号20以降で覚えておきたい元素。

チェック問題の答え (1)元素 (2)元素記号 (3)N, S, Ca (4)ヘリウム,酸素,塩素

元素記号の書き方

① 1文字目は大文字（活字体）で書く。
② 2文字目は小文字（活字体または筆記体）で書く。

元素記号を読むときは，Na（エヌ エー），Al（エー エル）のように，アルファベットを続けて読むよ。

正しい例
Na — 大文字／小文字
Al — 大文字／小文字

誤りの例
na　1文字目が小文字になっているので ✕
Mg　1文字目は大文字だが，小さすぎるので ✕
AL　2文字目は小さいが，大文字なので ✕

参考　元素記号の変遷

元素や物質を記号で表そうとする試みは，昔から行われてきました。

原子という概念がまだなかった中世の錬金術師たちは，さまざまな単体や化合物，実験器具などを絵記号で表しました。錬金術の絵記号の一部は，惑星や星座を表す記号として，現在でもおなじみです。

原子という概念を提唱したドルトンは，原子を表すための円形記号を考案しました。非常に画期的なアイデアでしたが，あまり普及せずに終わりました。

現在使われている元素記号は，ベルセーリウス（スウェーデン）が1813年に提唱したものがもとになっています。ラテン語やギリシャ語，英語，ドイツ語などの元素名から1文字または2文字がとられ，世界中で広く使われています。

錬金術の絵記号
▽ 水　　△ 空気
♂ 鉄　　⊡ 尿
♀ 銅　　✧ インク
☽ 銀　　＋ るつぼ
♄ 鉛　　○ 蒸留
☿ 水銀　⧖ 時間

チェック問題

(1) 物質を構成する基本的な成分を（　　　　）という。

(2) 元素をアルファベット1文字または2文字で表した記号を（　　　　　　）という。

(3) 窒素の元素記号は（　　），硫黄の元素記号は（　　），カルシウムの元素記号は（　　）である。

(4) He は（　　　　），O は（　　　），Cl は（　　　　）の元素記号である。

第1章　物質の成り立ち

❻ 単体と化合物

◎単体 … 1種類の元素からできている純物質。

単体は，化学的な方法[*1]によっても，別の物質に分けることができません。

[*1] 電気分解など，化学変化をともなうもの。なお，❶～❹で学習したろ過や蒸留などは，化学変化をともなわないので，物理的な方法である。

例 水素 H_2，炭素 C，酸素 O_2，アルゴン Ar，アルミニウム Al，鉄 Fe，銅 Cu，銀 Ag

◎化合物 … 2種類以上の元素からできている純物質。

化合物は，化学的な方法によって，別の物質（単体）に分けることができます。

例 水 H_2O，二酸化炭素 CO_2，塩化ナトリウム NaCl，水酸化ナトリウム NaOH，グルコース $C_6H_{12}O_6$，アンモニア NH_3

◎水の電気分解 … 水を電気分解すると，水素と酸素が2：1の割合（体積の比）で発生する。

水に電気を通すと，水素と酸素に分けられます。したがって，水は化合物です。水の電気分解によって発生した水素と酸素は，これ以上別の物質に分けることができません。したがって，水素と酸素は単体です。

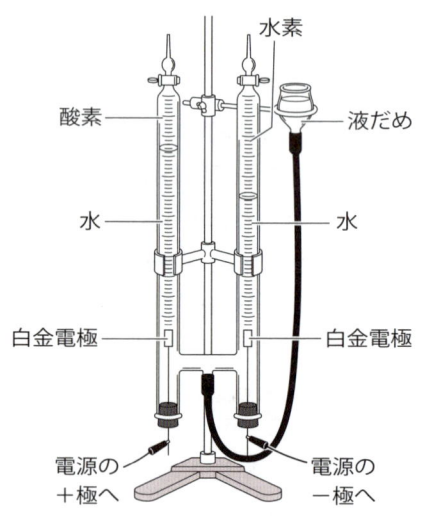

> 電気を通しやすくするために，水に少量の水酸化ナトリウムを加えて電気分解を行うよ。

単体の種類は，元素の種類とほぼ同じで，100種類を超える程度です。これに対し，化合物の種類は，多様な元素の組み合わせが可能であるため，現在，約1億種類もあります。

チェック問題の答え (1) 単体 (2) 化合物 (3) 化合物

単体の名称には，ふつう元素名をそのまま用います。したがって，「水素」と言われた場合，単体と元素のどちらの意味であるか，区別する必要があります。

単体と元素の区別

① **単体**…実際に存在する物質そのもの。
　　→具体的な性質をもち，その性質を説明することができる。
② **元素**…物質を構成する成分。
　　→具体的な性質をもたず，その性質を説明することができない。

単体の水素は H_2，元素の水素は H で表されるよ。

問題　次の(1), (2)の酸素は，単体と元素のどちらの意味で使われているか。
(1) 魚は，水中の酸素を利用して呼吸している。
(2) 水は，酸素と水素からできている。

解説　単体は実際に存在する物質そのものを表し，具体的な性質を説明することができます。これに対し，元素は物質を構成する成分を表し，具体的な性質を説明することができません。

(1) 魚は，水に溶けた酸素をとり入れて呼吸しています。この場合の「酸素」は，体内の有機物を燃焼させてエネルギーをとり出すのに必要な気体であり，具体的な性質をもちます。
　　したがって，**単体**の意味で用いられています。　………　答

(2) 水という化合物を構成する成分の1つが酸素です。この場合の「酸素」は，具体的な性質をもたず，抽象的な概念です。
　　したがって，**元素**の意味で用いられています。　………　答

チェック問題

(1) 1種類の元素からなる物質を(　　　　)という。
(2) 2種類以上の元素からなる物質を(　　　　)という。
(3) 単体と化合物のうち，化学的な方法によって別の物質に分けられるのは(　　　　)である。

 同素体

◎**同素体** … 同じ元素の単体で，性質が異なる物質。

同素体が存在する元素の単体は，同素体名で区別されます。

元 素	同素体名
硫黄 S	斜方硫黄，単斜硫黄，ゴム状硫黄
炭素 C	ダイヤモンド，黒鉛，フラーレン
酸素 O	酸素 O_2，オゾン O_3
リン P	黄リン，赤リン

同素体は SCOP で探せ！

炭素 C の同素体

炭素の同素体は，炭素原子のつながり方などの違いによって生じます（→ 27）。

同素体名	ダイヤモンド	黒 鉛	フラーレン
外 観	無色透明の結晶	灰黒色の結晶	黒褐色の粉末
硬 さ	非常に硬い	軟らかい	―
電気伝導性	なし	あり	なし
結晶構造	立体網目状構造	平面層状構造	サッカーボール状[*1]

*1 炭素原子 C が 60 個結合した C_{60} や 70 個結合した C_{70} などがある。

酸素 O の同素体

① **酸素 O_2** ……無色・無臭の気体。無毒。
② **オゾン O_3** …淡青色で特異臭の気体。有毒。

チェック問題の答え　(1) 同素体　(2) 黒鉛　(3) オゾン　(4) 斜方硫黄　(5) 赤リン

硫黄Sの同素体

同素体名	斜方硫黄	単斜硫黄*2	ゴム状硫黄*2
外観	黄色の塊状結晶	黄色の針状結晶	褐色で弾力性がある
形			
製法や特徴	常温で最も安定している	硫黄を約 120 ℃に加熱し，空気中で放冷する	硫黄を約 250 ℃に加熱し，水中で急冷する

*2 単斜硫黄もゴム状硫黄も，室温で長時間放置すると，斜方硫黄に変化する。

リンPの同素体

同素体名	黄リン*3	赤リン
外観	淡黄色*4の固体	赤褐色の粉末
毒性	猛毒	微毒
空気中でのようす	自然発火する	自然発火しない
保存法や用途	水中に保存	マッチの側薬に利用

*3 現在，黄リンは製造が中止されている。
*4 高純度の黄リンは白色である。

第1章 物質の成り立ち

チェック問題

(1) 同じ元素からなる単体で，性質が異なる物質どうしを(　　　　)という。

(2) 炭素の同素体には，ダイヤモンド，(　　　　)，フラーレンなどがある。

(3) 酸素の同素体には，酸素，(　　　　)がある。

(4) 硫黄の同素体のうち，室温で最も安定なのは(　　　　)である。

(5) リンの同素体のうち，マッチの側薬に用いられるのは(　　　　)である。

17

8 成分元素の検出

各元素に特有な反応を利用すると，物質中の特定の成分元素を確認することができます。

◎**炎色反応** … 物質を高温の炎の中に入れると，特有の色を示す現象。その色から，特定の元素を確認することができる。

元素名	リチウム	ナトリウム	カリウム	銅	バリウム	カルシウム	ストロンチウム
元素記号	Li	Na	K	Cu	Ba	Ca	Sr
炎色	赤	黄	赤紫	青緑	黄緑	橙赤	紅(深赤)
(覚え方)	リアカー	無き	K村，	動力に	馬力	借ると	するも 貸してくれない

炎色反応の方法

① 白金線の先を濃塩酸に浸し，ガスバーナーの外炎が無色になることを確認する。
② 試料の水溶液を白金線の先につけ，ガスバーナーの外炎に入れて，炎の色を確認する。

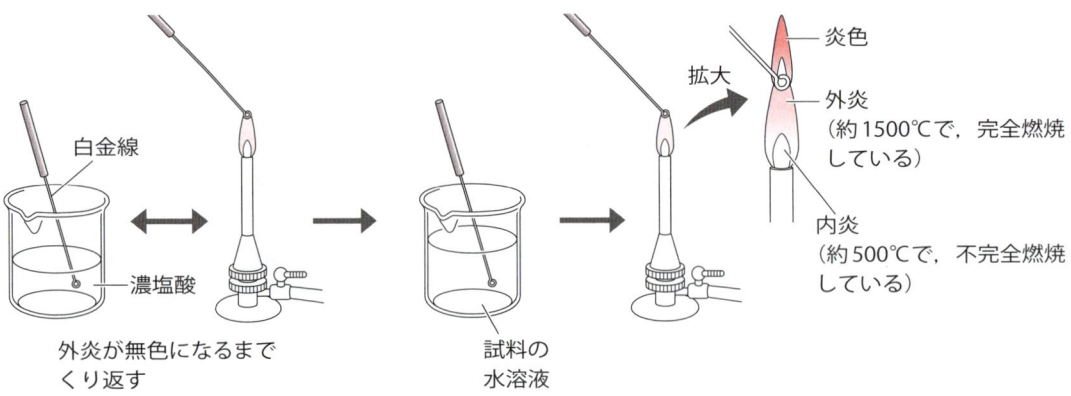

例 食塩水の炎色反応を調べると，黄色になる。
黄色の炎色反応を示す元素はナトリウムNaです。したがって，食塩水には，成分元素としてナトリウムが含まれることがわかります。

> 味噌汁が吹きこぼれるとガスコンロの炎が黄色になるのも，味噌汁にナトリウムが含まれているからだよ。

◎**沈殿反応** … 液体に特定の物質を加えると，**沈殿**(液体に溶けにくい固体)が生じる反応。沈殿の生成や色により，目的の元素や物質を確認することができる。

チェック問題の答え　(1)炎色反応　(2)黄，橙赤，赤紫　(3)沈殿反応　(4)塩素

例1 食塩水に硝酸銀水溶液を加えると、白色沈殿が生じる。

白色沈殿は塩化銀 AgCl です。したがって、食塩水には、成分元素として塩素 Cl が含まれることがわかります。

例2 呼気を石灰水に通じると、白色沈殿が生じる。

白色沈殿は炭酸カルシウム $CaCO_3$ です。したがって、呼気には、二酸化炭素 CO_2 が含まれることがわかります。

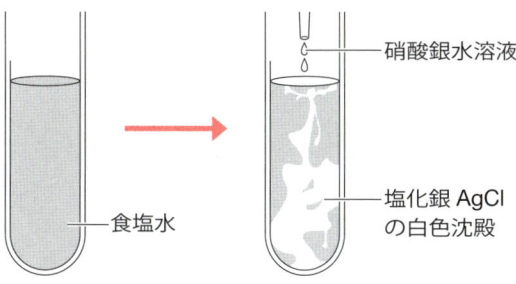
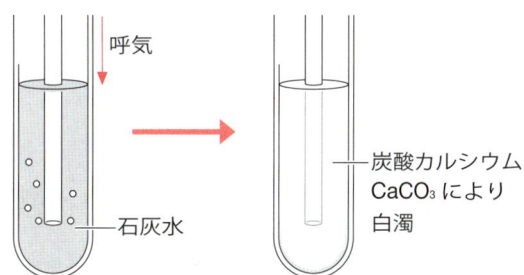

例3 大理石に希塩酸（うすい塩酸）を加えると、気体が発生する。この気体を石灰水に通じると、白色沈殿が生じる。

白色沈殿は炭酸カルシウム $CaCO_3$ なので、発生した気体は二酸化炭素 CO_2 です。したがって、大理石には、成分元素として炭素 C と酸素 O が含まれることがわかります。

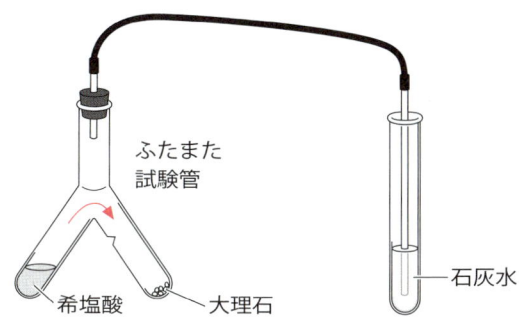

- 内側に突起があるほうに大理石（固体試薬）を入れ、もう一方に希塩酸（液体試薬）を入れる。
- ふたまた試験管を右側に傾け、大理石に希塩酸を注ぐと、気体が発生する。
- ふたまた試験管を左側に傾けると、希塩酸と大理石の接触が断たれ、気体の発生を止めることができる。

チェック問題

(1) 物質を炎の中に入れると、炎が特有の色を示す現象を（　　　　　　）という。

(2) ナトリウム Na の炎色反応は（　　　）色、カルシウム Ca の炎色反応は（　　　）色、カリウム K の炎色反応は（　　　）色である。

(3) 水溶液中に水に溶けにくい物質が生じる反応を（　　　　　　）という。

(4) 食塩水に硝酸銀水溶液を加えると、白色沈殿が生じた。この反応から、食塩水には成分元素として（　　　　）が含まれていることがわかる。

❾ 物質の三態

◎<u>物質の三態</u>（さんたい）… あらゆる物質にある，**固体**・**液体**・**気体**の3つの状態。

◎<u>状態変化</u> … 温度・圧力の変化により，物質が三態の間で変化すること。

◎<u>融解</u>（ゆうかい）… <u>固体から液体への状態変化</u>。
◎<u>凝固</u>（ぎょうこ）… <u>液体から固体への状態変化</u>。
◎<u>蒸発</u>（じょうはつ）… <u>液体から気体への状態変化</u>。[*1]
◎<u>凝縮</u>（ぎょうしゅく）… <u>気体から液体への状態変化</u>。
◎<u>昇華</u>（しょうか）… <u>固体から気体への状態変化</u>。[*2]

状態変化の用語は，必ず覚えよう！

*1 液体の表面だけから気体になる現象を**蒸発**といい，液体の内部からも気体になる現象を**沸騰**（ふっとう）という。
*2 気体から固体への状態変化も昇華という。

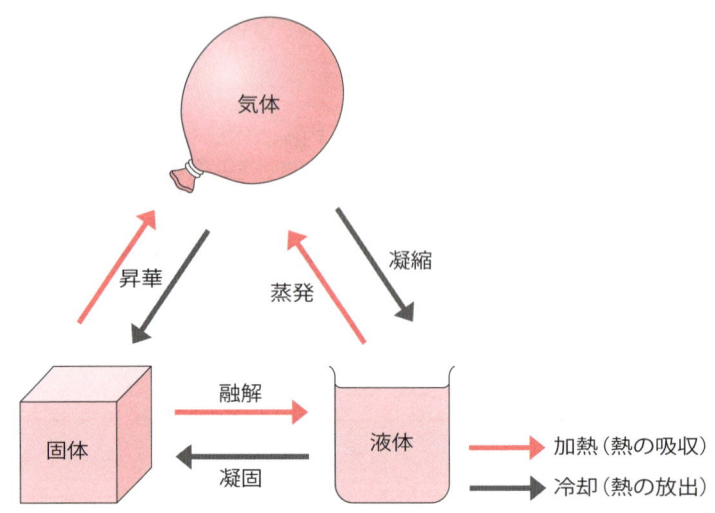

圧力が一定のとき，純物質（じゅんぶっしつ）の状態変化はある決まった温度で起こります。

◎<u>融点</u>（ゆうてん）…… 固体が<u>融解</u>して，<u>液体になるときの温度</u>。
◎<u>凝固点</u>（ぎょうこてん）… 液体が<u>凝固</u>して，<u>固体になるときの温度</u>。
◎<u>沸点</u>（ふってん）…… 液体が<u>沸騰</u>して，<u>気体になるときの温度</u>。

純物質では，融点と凝固点は等しい！

チェック問題の答え　(1)融解，凝固　(2)蒸発，凝縮　(3)昇華　(4)物理変化，化学変化(化学反応)

例 氷に同じ割合で熱を加え続けたときの温度変化

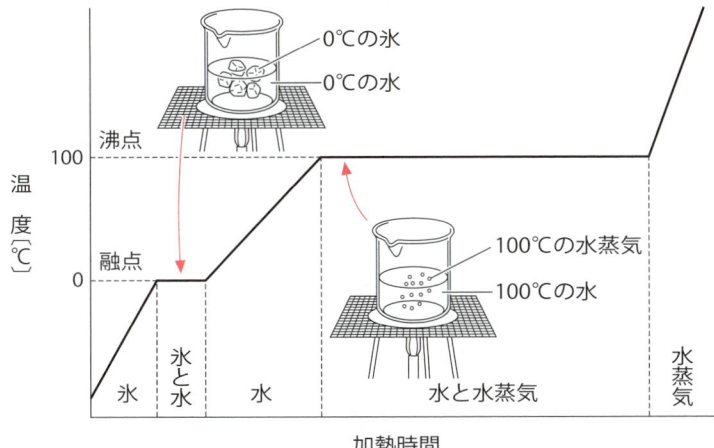

- 融点では，加えた熱がすべて氷の融解に使われるので，氷がすべてとけるまでは温度が一定。
- 沸点では，加えた熱がすべて水の沸騰に使われるので，水がすべて水蒸気になるまでは温度が一定。

◎物理変化 … 物質そのものは変わらない変化。

例
- 氷がとけて水になる。（**状態変化**）
- 水に塩化ナトリウムが溶ける。（**溶解**）

◎化学変化 … 物質の種類が変わる変化。**化学反応**ともいう。

例
- 炭素が燃えて二酸化炭素になる。（**燃焼**）
- 鉄と硫黄の混合物を加熱すると，硫化鉄になる。（**化合**[*3]）
- 水に電気を通すと，水素と酸素に分かれる。（**分解**[*4]）

[*3] 2種類以上の物質が結びついて別の1種類の物質ができる化学変化。
[*4] 1種類の物質が2種類以上の別の物質に分かれる化学変化。

チェック問題

(1) 固体から液体への状態変化を（　　　　），液体から固体への状態変化を（　　　　）という。

(2) 液体から気体への状態変化を（　　　　），気体から液体への状態変化を（　　　　）という。

(3) 固体から気体への状態変化を（　　　　）という。

(4) 物質そのものは変わらない変化を（　　　　　　）といい，物質の種類が変わる変化を（　　　　　　）という。

10 粒子の熱運動と温度

◎**熱運動** … 物質を構成する粒子(りゅうし)が<u>温度に応じて</u>行う<u>不規則</u>な運動。

物質の状態	固 体	液 体	気 体
粒子のようす	規則正しく並び，その場で振動している	位置は互いに移動できる	空間を自由に運動している
形や体積	形や体積が決まっている	形は自由に変化するが，体積は決まっている	形や体積が自由に変化する
熱運動の激しさ	おだやか ←		→ 激しい
粒子がもつエネルギー	小さい ←		→ 大きい
粒子間の平均距離	小さい ←		→ 大きい
粒子間にはたらく引力	最も強い	固体より弱い	ほぼ 0

（固体→液体→気体：加熱、気体→液体→固体：冷却）

物質の状態は，粒子の熱運動の激しさと，粒子間にはたらく引力の大きさによって決まります。

◎**温度** … 粒子の熱運動の激しさを表す量。

◎**セルシウス温度**[*1] … 水が凝固(ぎょうこ)する温度を 0 ℃，水が沸騰(ふっとう)する温度を 100 ℃として，その間を 100 等分して得られた温度。単位には**度**（記号：**℃**）を用いる。

◎**絶対零度**(ぜったいれいど) … 粒子の<u>熱運動が停止すると考えられる最低の温度</u>。温度の下限で，**－273 ℃**である。

◎**絶対温度** … 絶対零度（－273 ℃）を原点とした温度。目盛り間隔はセルシウス温度と同じ。単位には**ケルビン**（記号：**K**）を用いる。

*1 略して，セ氏温度ともいう。

22　チェック問題の答え　(1)熱運動　(2)気体　(3)絶対零度　(4)絶対温度　(5)173

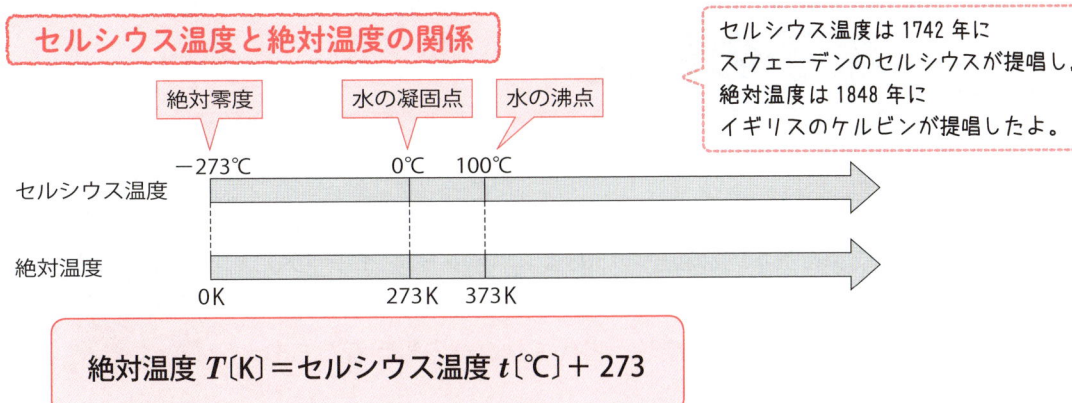

$$絶対温度\ T[K] = セルシウス温度\ t[℃] + 273$$

◎**気体分子の速さの分布** … 温度一定のとき，熱運動している気体分子の速さは一定の分布をもつ。

- 低温のとき…熱運動の速さが遅い分子の割合が多く，速さの平均値が小さい。
- 高温のとき…熱運動の速さが速い分子の割合が多く，速さの平均値が大きい。

> 同じ温度でも，粒子の速さにはばらつきがあり，すべての気体分子が同じ速さで熱運動しているわけではないよ。

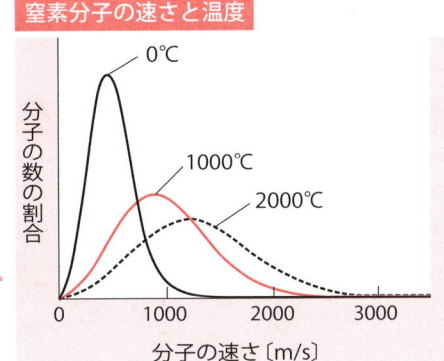

チェック問題

(1) 原子や分子などの粒子が温度に応じて行う不規則な運動を(　　　　)という。

(2) 固体・液体・気体のうち，粒子が自由に運動していて，形や体積が自由に変化するのは(　　　　)である。

(3) 粒子の熱運動が停止すると考えられる最低の温度を(　　　　)という。

(4) 絶対零度を原点として，セルシウス温度と同じ目盛り間隔をもつ温度を(　　　　)という。

(5) セルシウス温度の −100 ℃ は，絶対温度では(　　　　)K である。

11 原子の構造

原子と元素の違い

① **原子**…物質を構成する基本的な粒子。1803年に、ドルトン（イギリス）が初めて提唱した。

② **元素**…物質を構成する基本的な成分。古代ギリシャの哲学者たちも考えていた。

ドルトン

原子の構造と大きさ

原子 ─┬─ 原子核 …原子の中心部を構成する。原子の大きさの約10万分の1。
 　　 ├─ 陽子 ……正（＋）の電荷[*1]をもつ粒子。
 　　 ├─ 中性子 …電荷をもたない粒子。
 　　 └─ 電子 ……原子の周辺部にあり、負（－）の電荷をもつ粒子。

[*1] 粒子がもつ電気の量を電荷という。

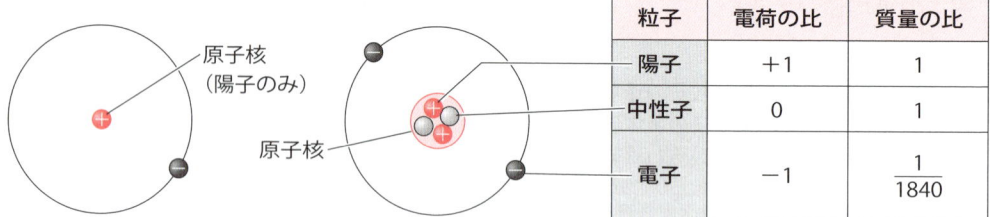

水素原子の構造　　ヘリウム原子の構造

粒子	電荷の比	質量の比
陽子	＋1	1
中性子	0	1
電子	－1	$\dfrac{1}{1840}$

原子の大きさ（直径）

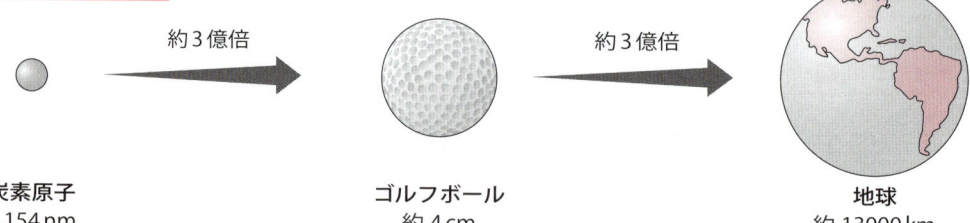

炭素原子
0.154 nm
(1.54×10^{-10} m)

ゴルフボール
約 4 cm
(約 4×10^{-2} m)

地球
約 13000 km
(約 1.3×10^{7} m)

参考　中性子の役割

水素原子の原子核は陽子だけでできていますが、これは例外です。通常の原子の原子核は、陽子と中性子からできています。陽子が2個以上になると、陽子どうしの間には、電気的な反発力がはたらきます。中性子は、この反発力を和らげるために必要であると考えられています。

チェック問題の答え　(1) 原子核, 電子　(2) 原子番号　(3) 質量数

◎**電気的中性** … すべての原子は，正（＋）の電荷と負（－）の電荷が等しい状態にある。

（陽子の数）＝（電子の数）

◎**原子番号** … 原子核中の陽子の数。原子の種類によって異なる。

原子番号20までの元素記号の覚え方

原子番号とともに確実に覚えよう！

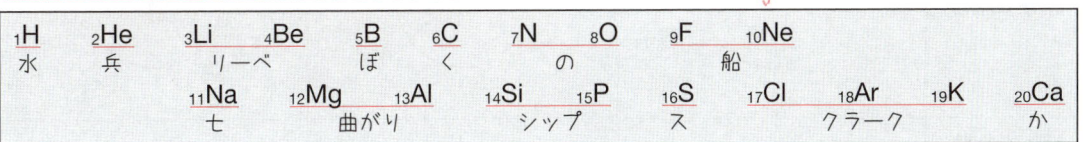

◎**質量数** … 原子核中の陽子の数と中性子の数の和。

電子1個の質量は，陽子や中性子1個の質量の約1840分の1しかありません。したがって，原子の質量はほぼ原子核の質量と等しく，電子の質量は無視することができます。陽子1個の質量と中性子1個の質量はほぼ等しいので，原子の質量を比較するときは，陽子の数と中性子の数の和に着目すればよいことになります。

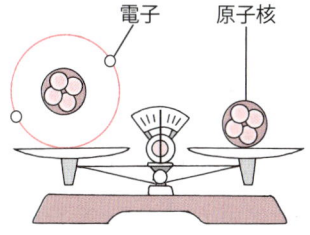

（質量数）＝（陽子の数）＋（中性子の数）

原子番号と質量数の表し方

① 元素記号の左下に，原子番号を書く。
② 元素記号の左上に，質量数を書く。

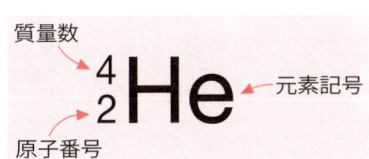

チェック問題

(1) 原子の中心には（　　　）があり，そのまわりには（　　　）が存在する。
(2) 原子核に含まれる陽子の数を（　　　）という。
(3) 原子核に含まれる陽子の数と中性子の数の和を（　　　）という。

12 同位体

◎**同位体** … 原子番号が同じで，質量数が異なる原子。**アイソトープ**ともいう。

> 同位体は，中性子の数が違うだけ！

同位体名	水素 ¹H	重水素 ²H	三重水素 ³H
原子の構造	電子／陽子	中性子	
陽子の数	1	1	1
中性子の数	0	1	2
質量数	1	2	3

原子の種類は陽子の数で決まり，同じ種類の原子では，電子の数は同じです。同位体どうしでは，電子の数が等しいため，原子の化学的性質はほとんど同じになります。

同位体の存在比

自然界の多くの元素には同位体が存在します。同位体の存在比は，地球上のどの場所でもほぼ一定です。

> フッ素 ₉F，ナトリウム ₁₁Na，アルミニウム ₁₃Al などの元素には，同位体が存在しないよ。

元素	存在比〔%〕
¹H	99.99
²H	0.01
³H	ごく微量

元素	存在比〔%〕
¹²C	98.9
¹³C	1.1
¹⁴C	ごく微量

元素	存在比〔%〕
¹⁶O	99.76
¹⁷O	0.04
¹⁸O	0.21

元素	存在比〔%〕
³⁵Cl	75.8
³⁷Cl	24.2

◎**放射性同位体** … 原子核が不安定で，**放射線**を放出しながら自然に壊れていく[*1]同位体。**ラジオアイソトープ**ともいう。

[*1] 崩壊または壊変という。

例
- ³₁H（三重水素，トリチウム）は，生体内で物質が移動する経路を追跡するトレーサーとして用いられます。
- ⁶⁰₂₇Co（コバルト60）は，癌の放射線治療（患部に放射線を当てる）に利用されます。

チェック問題の答え　(1) 同位体（アイソトープ）　(2) 放射性同位体（ラジオアイソトープ）　(3) ¹⁴C（炭素14）

参考　放射線とその種類

放射線は粒子やエネルギーの流れで，電離作用（原子をイオンにする能力）や透過力（物体を通り抜ける能力）をもちます。放射線には，次のような種類があります。

放射線	放射線の正体	電離作用	透過力
α線（アルファ）	ヘリウムHeの原子核の流れ	大きい ↕ 小さい	小さい ↕ 大きい
β線（ベータ）	電子 e^- の流れ		
γ線（ガンマ）	波長が非常に短い電磁波		
中性子線	中性子の流れ		

◎**半減期**　…　放射性同位体がもとの量の<u>半分になる</u>のにかかる時間。放射性同位体ごとに決まった値になる。

例　^{14}C（炭素14）による年代測定

^{14}C の半減期は約5700年です。遺跡から発掘された木片や骨などに残る ^{14}C の割合から，その生物が死亡した年代を推定することができます。

たとえば，発掘された木片に含まれる ^{14}C の割合が生きている木の $\frac{1}{4}$ だった場合，下のグラフからもわかるように，5700×2＝11400〔年前〕のものであると推定できます。

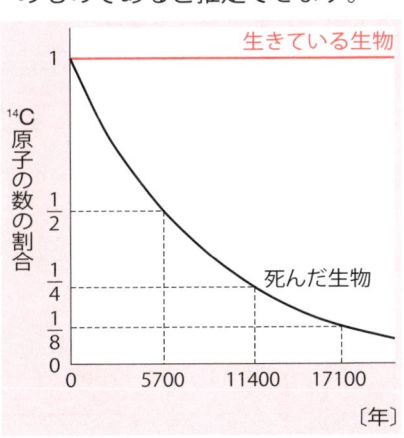

チェック問題

(1) 原子番号が同じで質量数が異なる原子どうしを，（　　　　　　）という。

(2) 放射線を出しながら原子核が壊れていく同位体を（　　　　　　）という。

(3) 放射性同位体のうち，遺跡で発掘された木片や骨などの年代測定に利用されるものは（　　　　）である。

13 原子の電子配置

◎**電子殻** … 原子核のまわりにある，電子が存在するいくつかの層。

電子殻は，内側から順に K 殻，L 殻，M 殻，N 殻，…といい，それぞれ最大で 2 個，8 個，18 個，32 個，…の電子を収容できます。

> 内側から n 番目の電子殻には，最大で $2n^2$ 個の電子を収容できる！

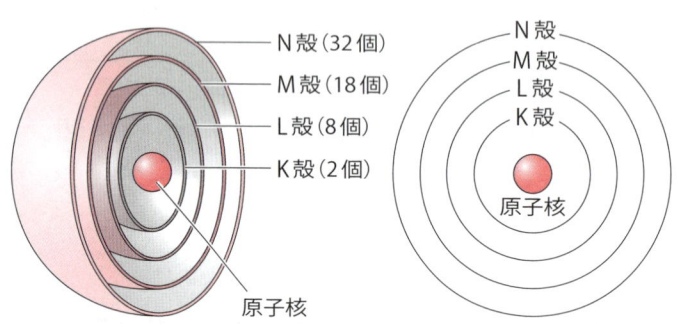

より外側の電子殻ほど大きいので，より多くの電子を収容できる。

◎**電子配置** … 各電子殻への電子の配列のしかた。

一般に，電子は内側の電子殻から順に入り，電子殻がいっぱいになったら，1 つ外側の電子殻に電子が入っていきます。

周期 \ 族	1	2	13	14	15	16	17	18
1 (最外殻は K 殻)	₁H (1+)							₂He (2+)
2 (最外殻は L 殻)	₃Li (3+)	₄Be (4+)	₅B (5+)	₆C (6+)	₇N (7+)	₈O (8+)	₉F (9+)	₁₀Ne (10+)
3 (最外殻は M 殻)	₁₁Na (11+)	₁₂Mg (12+)	₁₃Al (13+)	₁₄Si (14+)	₁₅P (15+)	₁₆S (16+)	₁₇Cl (17+)	₁₈Ar (18+)
4 (最外殻は N 殻)	₁₉K (19+)	₂₀Ca (20+)						
価電子の数	1	2	3	4	5	6	7	0

●は価電子，●は価電子ではない電子を示す。
₁₉K，₂₀Ca では，M 殻に 9 個目，10 個目の電子が入るよりも，1 つ外側の N 殻に 1 個目，2 個目の電子として入ったほうが安定になる。

チェック問題の答え (1)電子殻 (2)電子配置 (3)最外殻電子 (4)価電子 (5)閉殻

◎ **最外殻電子** … 最も外側の電子殻(**最外殻**)に入っている電子。
◎ **価電子** … 最外殻電子のうち，原子間の結合に重要な役割をしたり，原子の化学的性質を決定したりするもの。
◎ **閉殻** … 最大数の電子が収容された電子殻。

希ガス(→14)の電子配置

① ヘリウム He とネオン Ne は，最外殻が電子で満たされている。→閉殻
② アルゴン Ar やクリプトン Kr は，閉殻ではないが最外殻に電子が8個入っている。

> どちらも電子配置は安定で，希ガス型の電子配置というよ。

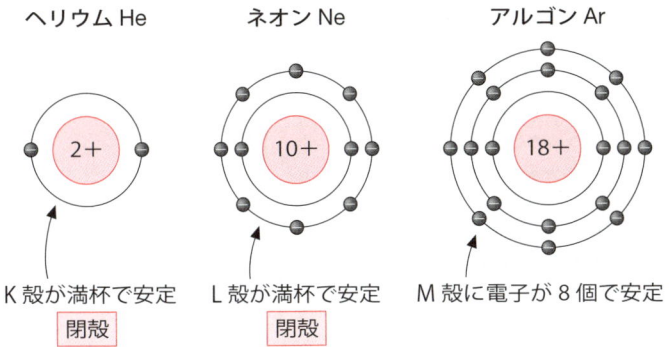

ヘリウム He — K殻が満杯で安定 [閉殻]
ネオン Ne — L殻が満杯で安定 [閉殻]
アルゴン Ar — M殻に電子が8個で安定

原子	電子殻			
	K	L	M	N
₂He	2			
₁₀Ne	2	8		
₁₈Ar	2	8	8	
₃₆Kr	2	8	18	8

赤字は最外殻電子を示す。

価電子の数の決め方

① 希ガス以外の元素の原子では，価電子の数は最外殻電子の数と等しい。
② 希ガスの原子はほかの原子と反応しにくいので，価電子の数は0とする。

チェック問題

(1) 原子核のまわりにある，電子が存在するいくつかの層を(　　　)という。
(2) 各電子殻への電子の配列のしかたを(　　　)という。
(3) 最も外側の電子殻に入っている電子を(　　　)という。
(4) 最外殻電子のうち，原子の化学的性質を決定するものを(　　　)という。
(5) ヘリウム He やネオン Ne の最外殻のように，最大数の電子で満たされた電子殻を(　　　)という。

14 元素の周期表

◎**元素の周期律** … 元素を原子番号順に並べると，元素の性質が周期的に変化する。

元素の周期律は原子の電子配置と関係が深く，原子番号の増加にともなって価電子の数が周期的に変化するために現れます。

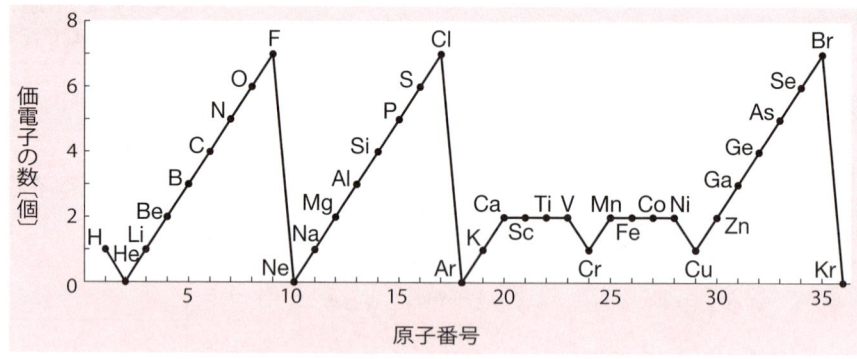

原子番号21〜29の原子は，最外殻電子の数を示す。
He〜FとNe〜Clでは，価電子の数が1ずつ増え，周期的に変化している。

例
- 単体の融点
- イオン化エネルギー（→ **16**）

> 元素の周期表は，1869年にロシアのメンデレーエフがはじめてつくった。

◎**元素の周期表** … 元素の周期律にもとづいて，性質が似た元素が同じ縦の列に並ぶように配列した表。

◎**族** … 周期表の縦の列。1族から18族まである。

◎**周期** … 周期表の横の行。第1周期から第7周期まである。

◎**同族元素** … 同じ族に属する元素。互いに化学的性質が似ている。

特別な名称の同族元素

① **アルカリ金属**………水素Hを除く1族元素。
② **アルカリ土類金属**…ベリリウムBe，マグネシウムMgを除く2族元素。
③ **ハロゲン**……………17族元素。
④ **希ガス（貴ガス）**……18族元素。

チェック問題の答え　(1) 周期表，族，周期　(2) 典型元素，遷移元素　(3) アルカリ金属，ハロゲン

◎**典型元素** … 1族，2族，12族〜18族の元素。

典型元素では，価電子の数が1個ずつ変化します。したがって，元素の周期律をはっきりと示します。同族元素の化学的性質はよく似ています。

◎**遷移元素** … 3族〜11族の元素。

遷移元素では，最外殻電子の数が1個または2個です。したがって，元素の周期律がはっきりしません。周期表上で横に並んだ元素の間で化学的性質が似ていることが多いです。

◎**金属元素** … 電気や熱を通すなど，単体が金属の性質を示す元素。周期表の左下から中央部にかけて，約90種類の元素が並ぶ。

◎**非金属元素** … 金属元素以外の元素。水素以外は，周期表の右上に位置する。

周期\族	1	2	3	4	5	6	7	8	9	10	11	12	13	14	15	16	17	18
1	H																	He
2	Li	Be											B	C	N	O	F	Ne
3	Na	Mg											Al	Si	P	S	Cl	Ar
4	K	Ca	Sc	Ti	V	Cr	Mn	Fe	Co	Ni	Cu	Zn	Ga	Ge	As	Se	Br	Kr
5	Rb	Sr	Y	Zr	Nb	Mo	Tc	Ru	Rh	Pd	Ag	Cd	In	Sn	Sb	Te	I	Xe
6	Cs	Ba	ランタノイド	Hf	Ta	W	Re	Os	Ir	Pt	Au	Hg	Tl	Pb	Bi	Po	At	Rn
7	Fr	Ra	アクチノイド	Rf	Db	Sg	Bh	Hs	Mt	Ds	Rg	Cn	Nh	Fl	Mc	Lv	Ts	Og
価電子の数	1	2										2	3	4	5	6	7	0

1族：アルカリ金属　2族：アルカリ土類金属　3〜11族：遷移元素　17族：ハロゲン　18族：希ガス
金属元素／非金属元素／詳しいことがわからない元素

✏️ チェック問題

(1) 性質がよく似た元素が同じ縦の列に並ぶように配列した表を，元素の（　　　　）という。このとき，縦の列を（　　　　）といい，横の行を（　　　　）という。

(2) 周期表の1族，2族，12族〜18族の元素を（　　　　）といい，3族〜11族の元素を（　　　　）という。

(3) 周期表の1族元素（水素Hを除く）を（　　　　）といい，17族元素を（　　　　）という。

15 イオン

◎**イオン** … 原子が電子を放出したり受けとったりして，電荷をもった粒子。

原子がイオンになると，希ガスと同じ安定な電子配置となりやすいです。

◎**陽イオン** … 正（＋）の電荷をもつ粒子。

陽イオンの生成

原子が電子を放出すると，陽イオンになります。

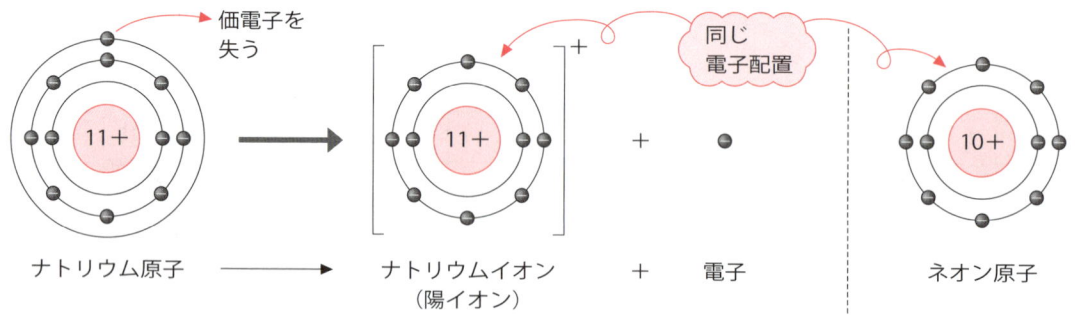

ナトリウム原子　→　ナトリウムイオン（陽イオン）　＋　電子　　　ネオン原子

◎**陰イオン** … 負（－）の電荷をもつ粒子。

陰イオンの生成

原子が電子を受けとると，陰イオンになります。

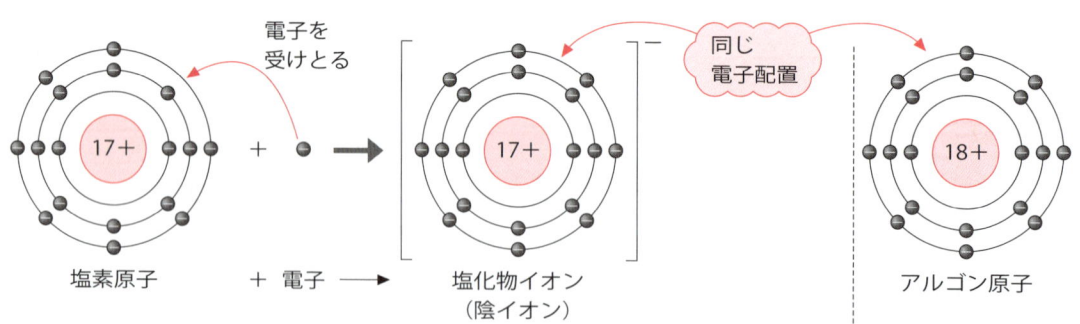

塩素原子　＋　電子　→　塩化物イオン（陰イオン）　　　アルゴン原子

◎**単原子イオン** … 1個の原子からなるイオン。
◎**多原子イオン** … 2個以上の原子からなるイオン。

チェック問題の答え　(1)希ガス　(2)価数　(3)イオン式

◎**イオンの価数**… イオンがもっている電荷の大きさ。原子が放出したり受けとったりした電子の数と等しい。

◎**イオン式**… イオンを表す化学式。元素記号の右上に，イオンの価数(1, 2, 3, …)と電荷の符号(＋，－)をつけて表す。

例 Na^+ Mg^{2+} Al^{3+} Cl^- O^{2-} S^{2-}
1価　2価　3価　1価　2価　2価

> 1価のイオンの場合は，1は省略して＋，－の符号だけを書く。

イオンの名称

① 単原子イオン(陽イオン)…「元素名＋イオン」とする。
② 単原子イオン(陰イオン)…元素名の語尾を「〜化物イオン」とする。
③ 多原子イオン…固有の名称がつけられる。

> 代表的なイオンの名称とイオン式は，必ず覚えておこう！

	陽イオン		陰イオン	
1価	水素イオン	H^+	塩化物イオン	Cl^-
	ナトリウムイオン	Na^+	臭化物イオン	Br^-
	カリウムイオン	K^+	ヨウ化物イオン	I^-
	銀イオン	Ag^+	水酸化物イオン	OH^-
	アンモニウムイオン	NH_4^+	硝酸イオン	NO_3^-
2価	マグネシウムイオン	Mg^{2+}	酸化物イオン	O^{2-}
	カルシウムイオン	Ca^{2+}	硫化物イオン	S^{2-}
	亜鉛イオン	Zn^{2+}	炭酸イオン	CO_3^{2-}
	鉄(Ⅱ)イオン*1	Fe^{2+}	硫酸イオン	SO_4^{2-}
	銅(Ⅱ)イオン*1	Cu^{2+}		
3価	アルミニウムイオン	Al^{3+}	リン酸イオン	PO_4^{3-}
	鉄(Ⅲ)イオン*1	Fe^{3+}		

□は多原子イオン

*1 同じ元素で複数の価数のイオンがある場合，価数をローマ数字(Ⅰ, Ⅱ, Ⅲ, …)で表して名称をつける。

✏ チェック問題

(1) 原子がイオンになると，(　　　　　)と同じ安定な電子配置となりやすい。

(2) イオンがもっている電荷の大きさを，イオンの(　　　　　)という。

(3) 元素記号の右上にイオンの価数と電荷の符号をつけて表した化学式を
　　(　　　　　)という。

33

16 イオン化エネルギーと電子親和力

◎**陽性**…原子が陽イオンになりやすい性質。**金属性**ともいう。
◎**陰性**…原子が陰イオンになりやすい性質。**非金属性**ともいう。

◎**イオン化エネルギー**…原子から電子1個をとり去り，1価の陽イオンにするのに必要なエネルギー。**第一イオン化エネルギー**ともいう。

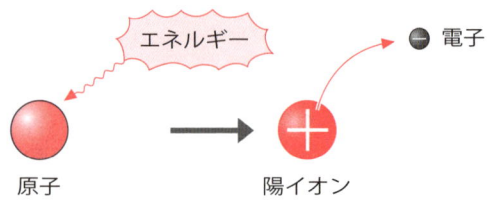

イオン化エネルギーと陽イオンへのなりやすさ

① イオン化エネルギーが小さい。→電子をとり去りやすい。→陽イオンになりやすい。
　　　　　　　　　　　　　　　　　　　　　　　　　（陽性が強い。）
② イオン化エネルギーが大きい。→電子をとり去りにくい。→陽イオンになりにくい。

例1 アルカリ金属（1族）
　イオン化エネルギーが小さい。希ガスより電子が1個多く，電子を放出しやすい。

例2 希ガス（18族）
　イオン化エネルギーが大きい。電子配置が安定で，電子を放出しにくい。

　原子番号が1〜20の元素の原子では，イオン化エネルギーが最大なのはヘリウム $_2$He です。また，イオン化エネルギーが最小なのは，カリウム $_{19}$K です。

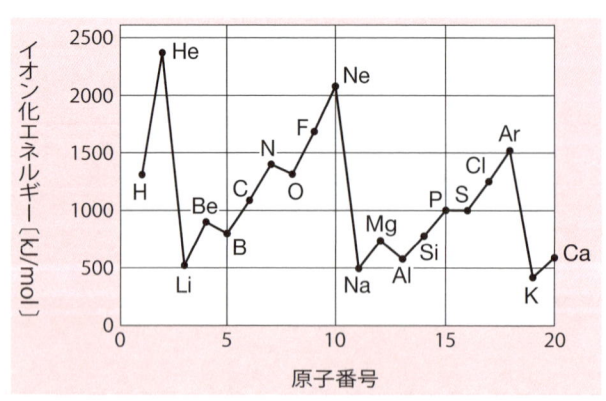

> 周期表で右側・上側に位置するものほどイオン化エネルギーが大きく，左側・下側に位置するものほどイオン化エネルギーが小さい。

34　チェック問題の答え　(1) イオン化エネルギー（第一イオン化エネルギー）　(2) 1，18　(3) 電子親和力　(4) 17

◎**電子親和力** … 原子が電子1個を受けとり，1価の陰イオンになるときに放出されるエネルギー。

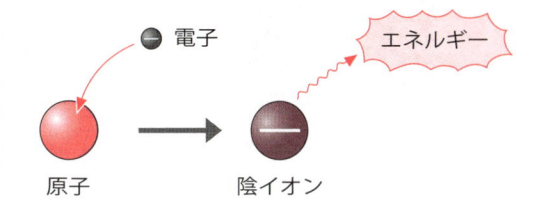

電子親和力と陰イオンへのなりやすさ

① 電子親和力が大きい。→エネルギーの放出量が大きい。→陰イオンになりやすい。
　　　　　　　　　　　　　　　　　　　　　　　　　　（陰性が強い。）

② 電子親和力が小さい。→エネルギーの放出量が小さい。→陰イオンになりにくい。

例 ハロゲン（17族）

電子親和力が大きい。希ガスより電子が1個少なく，電子をとりこみやすい。

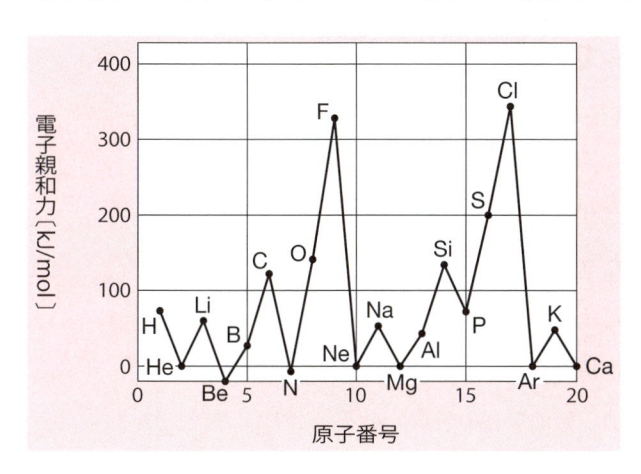

> 一般に，周期表で右側に位置するものほど電子親和力が大きく，左側に位置するものほど電子親和力が小さい（希ガスを除く）。

チェック問題

(1) 原子から電子1個をとり去るのに必要なエネルギーを（　　　　　　　　　　）という。

(2) イオン化エネルギーは周期性を示し，（　　）族のアルカリ金属の原子が最も小さく，（　　）族の希ガスの原子が最も大きい。

(3) 原子が電子1個を受けとるときに放出するエネルギーを（　　　　　　　　）という。

(4) 電子親和力は，（　　）族の原子が最も大きい（希ガスを除く）。

第1章の確認テスト

解答→別冊 p.2〜4

合格点：60点

1 物質の分類 ←わからなければ ❶, ❻ へ (各2点 計6点)

次の物質を純物質と混合物に分類し，純物質についてはさらに単体と化合物に分類せよ。

【物質】アンモニア，塩酸，牛乳，黒鉛，空気，酸素，水銀，石油，ドライアイス

混合物 _____

単体 _____

化合物 _____

2 混合物の分離 ←わからなければ ❶〜❹ へ (各1点 計7点)

次の(1)〜(7)について，最も適切な分離法を下のア〜キから選べ。

(1) 海水から水だけをとり出す。 _____

(2) 砂が混じった海水から，砂だけをとり出す。 _____

(3) 少量の砂を含むヨウ素から，純粋なヨウ素だけをとり出す。 _____

(4) 茶葉に熱湯を注いで，緑茶の成分だけをとり出す。 _____

(5) 少量の塩化ナトリウムを含む硝酸カリウムから，硝酸カリウムだけをとり出す。 _____

(6) 原油から，ガソリン，ナフサ，灯油，軽油などの各成分をとり出す。 _____

(7) 黒色のサインペンから，各色素をとり出す。 _____

　ア　ろ過　　イ　蒸留　　ウ　分留　　エ　再結晶　　オ　昇華法
　カ　抽出　　キ　クロマトグラフィー

3 温度 ←わからなければ ❿ へ (各2点 計14点)

次の文章中の（①）〜（⑦）にあてはまる語句や数値を答えよ。

　日常よく使われている温度は，$1.013×10^5$ Pa の圧力下での水の凝固点と沸点を基準とし，その間の温度を100等分して得られた（①）である。温度には，上限はないが，下限はある。この下限の温度は（②）℃であり，この温度を特に（③）という。（③）を原点として（①）と同じ目盛り幅で刻んだ温度は（④）とよばれ，単位にはKの記号で表される（⑤）を用いる。

　（①）と（④）は相互に変換できる。27℃は（⑥）Kであり，200 K は（⑦）℃である。

① _____　② _____　③ _____　④ _____

⑤ _____　⑥ _____　⑦ _____

4 混合物の分離　◀わからなければ 3 へ

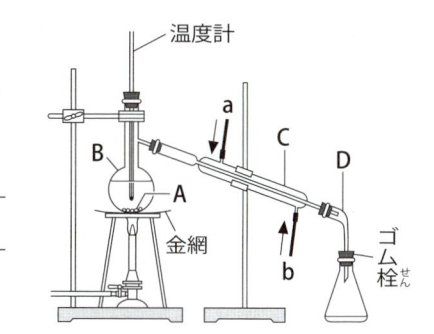

((1)〜(3)各1点, (4)(5)各2点　計14点)

右の図の装置を用いて，海水から純水をとり出したい。

(1) この分離法を何というか。　_____

(2) 図中の A〜D の名称をそれぞれ何というか。

A _____　B _____
C _____　D _____

(3) 冷却水は，図の a, b のどちらから流しこむとよいか。
_____

(4) 加熱の際に，液体に A を入れるのはなぜか。
_____

(5) 図中には，適切ではないところが3つある。それぞれどのように改善すればよいか。
_____
_____
_____

5 同素体　◀わからなければ 7 へ

(各2点　計8点)

次の(1)〜(4)の物質の同素体を，あとの物質からすべて選べ。

(1) 黄リン　_____
(2) 酸素　_____
(3) ダイヤモンド　_____
(4) 斜方硫黄　_____

【物質】黒鉛，オゾン，ゴム状硫黄，単斜硫黄，赤リン，
水晶，リン酸，二酸化硫黄，硫化水素，フラーレン

6 原子の構造　◀わからなければ 11 へ

(各2点　計12点)

次の文章中の(①)〜(⑥)にあてはまる語句を答えよ。

　原子の中心には正の電荷をもつ(①)があり，そのまわりを負の電荷をもつ(②)がとりまいている。一般に(①)は2種類の粒子から構成され，正の電荷をもつものは(③)，電荷をもたないものは(④)とよばれる。(③)の数を(⑤)といい，原子の種類を決める。また，(①)中の(③)の数と(④)の数の和を(⑥)といい，原子の質量の目安として用いられる。

① _____　② _____　③ _____　④ _____
⑤ _____　⑥ _____

7 同位体　←わからなければ12へ　　　（各1点　計6点）

天然に存在する塩素原子には，$^{35}_{17}Cl$ と $^{37}_{17}Cl$ の2種類がある。

(1) この2つの原子を，互いに何というか。＿＿＿＿＿＿＿＿＿＿＿＿

(2) 塩素原子 $^{35}_{17}Cl$ について，次の値を答えよ。

　　陽子の数＿＿＿＿＿＿＿＿＿＿　　中性子の数＿＿＿＿＿＿＿＿＿＿

　　電子の数＿＿＿＿＿＿＿＿＿＿　　質量数＿＿＿＿＿＿＿＿＿＿

(3) 天然には，質量が異なる塩素分子 Cl_2 が何種類存在するか。＿＿＿＿＿＿＿＿＿＿＿＿

8 元素の周期表　←わからなければ14へ　　　（各1点　計25点）

次の図は，元素の周期表の一部を表している。

周期＼族	1	2	13	14	15	16	17	18
1								
2								
3								
4								

(1) 表にあてはまる元素記号を入れよ。

(2) 次の分類にあてはまる元素を，表からすべて選び，元素記号で答えよ。

　　アルカリ金属＿＿＿＿＿＿＿＿＿＿＿　　アルカリ土類金属＿＿＿＿＿＿＿＿＿＿＿

　　ハロゲン＿＿＿＿＿＿＿＿＿＿＿　　希ガス＿＿＿＿＿＿＿＿＿＿＿

(3) 表の元素のうち，金属元素は何種類か。＿＿＿＿＿＿＿＿＿＿＿＿

9 原子の電子配置　←わからなければ13〜15へ　　　（各1点　計8点）

次の図は，5種類の原子の電子配置を表している。

(a)　　(b)　　(c)　　(d)　　(e)

(1) それぞれの原子の価電子の数を答えよ。

　　(a)＿＿＿＿　(b)＿＿＿＿　(c)＿＿＿＿　(d)＿＿＿＿　(e)＿＿＿＿

(2) 周期表で同じ族に属する原子は，(a)〜(e)のどれとどれか。＿＿＿＿＿＿＿＿＿＿

(3) 周期表の第3周期に属する原子を，(a)〜(e)からすべて選べ。＿＿＿＿＿＿＿＿＿＿

(4) 電子配置がきわめて安定である原子を，(a)〜(e)からすべて選べ。＿＿＿＿＿＿＿＿＿＿

コラム　イオンの発見

ファラデー（イギリス）は，電解質水溶液を使って電気分解の実験を行ったとき，水溶液中を一方の電極へ向かって移動していく「存在」があることを確信しました。そこで，この「存在」を，ギリシャ語の"行く"，"移動する"，"旅人"などの意味にちなんで，**イオン**（ion）と命名しました。

ファラデーは，電気分解の電極については，電位が高いほうの**陽極**はギリシャ語の上り口（anodos）にちなんで**アノード**（anode），電位が低いほうの**陰極**はギリシャ語の下り口（cathodos）にちなんで**カソード**（cathode）と区別しました。また，イオンの種類についても，水溶液中で陽極（anode）に向かって移動していく陰イオンを**アニオン**（anion），陰極（cathode）に向かって移動していく陽イオンを**カチオン**（cation）と名づけ，電気化学の発展の礎を築きました。

ファラデーは，イオンは電圧を加えたときだけに生成するものと考えていましたが，現在，この考えは否定されています。

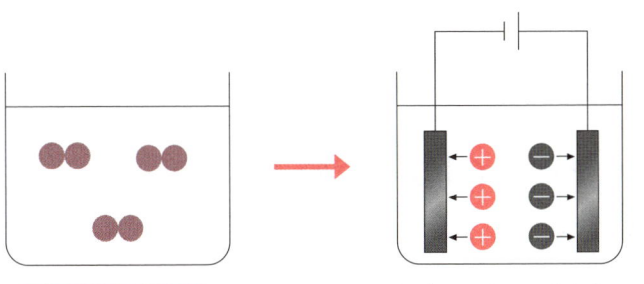

|ファラデーの考え| 電圧をかけたときだけイオンに分かれる。

ファラデー（1791〜1867）

その後，**アレーニウス**（スウェーデン）は，水溶液が凝固する温度（凝固点）の測定の実験から，電解質の水溶液中では，イオンは電圧を加えなくても最初から存在しているという説（**電離説**）を提唱しました。現在，この考え方は多くの人々に広く支持されています。

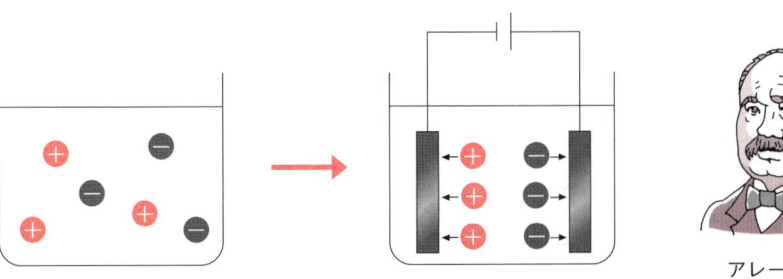

|アレーニウスの考え| 水に溶かすと，イオンに分かれる。

アレーニウス（1859〜1927）

17 イオン結合

◎**イオンの生成** … 陽性が強い元素（金属元素）から陰性が強い元素（非金属元素）に電子が移動すると，金属元素からは**陽イオン**，非金属元素からは**陰イオン**が生じる。

例 加熱したナトリウム Na を塩素 Cl_2 中に入れると，激しく反応し，塩化ナトリウム NaCl の白煙が生じる。

$$2Na + Cl_2 \longrightarrow 2NaCl$$

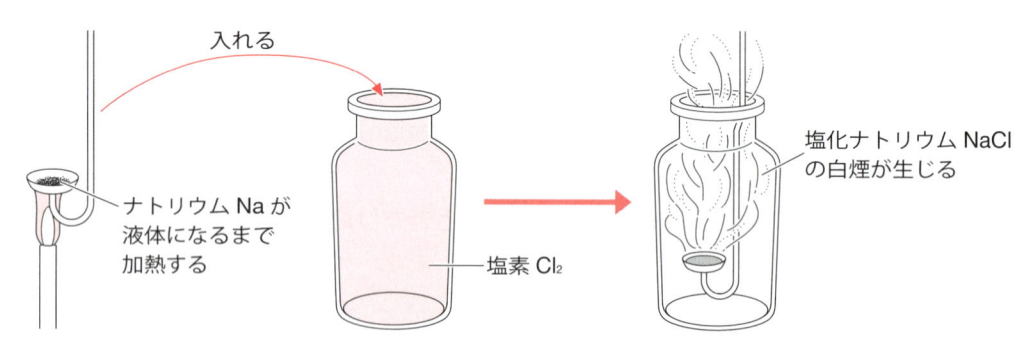

◎**イオン結合** … 陽イオンと陰イオンが静電気的な引力（**クーロン力**）で引き合ってできる結合。

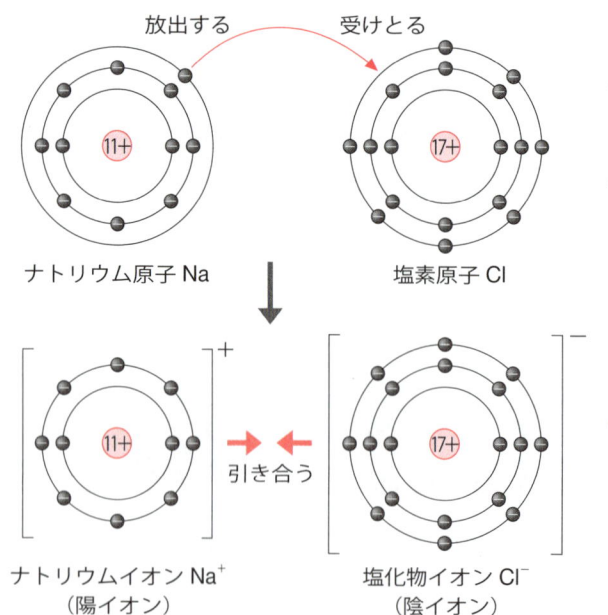

- 陽性の強いナトリウム原子 Na が価電子を放出して，ナトリウムイオン Na^+（陽イオン）になる。
- 陰性の強い塩素原子 Cl がその電子を受けとって，塩化物イオン Cl^-（陰イオン）になる。
- 生成した Na^+ と Cl^- が静電気的な引力（クーロン力）で引き合い，結びつく（イオン結合）。

チェック問題の答え　(1)陽イオン，陰イオン　(2)クーロン力　(3)イオン結合　(4)大きい，小さい

陽イオンや陰イオンの電荷が大きいほど，また，イオン間の距離が小さいほど，クーロン力は強くなる傾向があります。一般に，価数が大きいイオンどうしが結びついた化合物や，イオン半径が小さいイオンどうしが結びついた化合物ほど，融点が高くなります。

	化合物	陽イオンの半径〔nm〕	陰イオンの半径〔nm〕	融点〔℃〕
1価のイオンどうし	Na^+F^-	0.12	0.12	990
	Na^+Cl^-	0.12	0.17	800
	Na^+Br^-	0.12	0.18	750
2価のイオンどうし	$Ca^{2+}O^{2-}$	0.11	0.13	2570
	$Sr^{2+}O^{2-}$	0.13	0.13	2430
	$Ba^{2+}O^{2-}$	0.15	0.13	1920

イオンの半径が大きいものほど，イオン結合が弱くなるので，融点が低くなる。

1価のイオンどうしの化合物より，2価のイオンどうしの化合物のほうが，イオン結合が強くなるので，融点が高くなる。

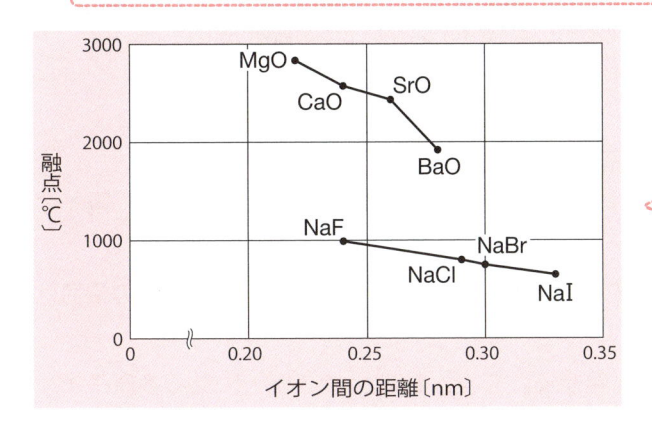

イオン間の距離が大きいものほど，イオン結合が弱くなるので，融点が低くなる。

第2章 化学結合

チェック問題

(1) 陽性が強い金属元素と陰性が強い非金属元素の間で電子が移動すると，金属元素からは（　　　　　　）が生じ，非金属元素からは（　　　　　　）が生じる。

(2) 陽イオンと陰イオンの間にはたらく静電気的な引力を（　　　　　　）という。

(3) 陽イオンと陰イオンがクーロン力で引き合ってできる結合を（　　　　　　）という。

(4) 一般に，価数が（　　　　　　）イオンどうしが結びついた化合物や，イオン半径が（　　　　　　）イオンどうしが結びついた化合物ほど，融点が高くなる。

18 組成式

◎組成式 … イオンからなる物質の化学式は，その成分となるイオンの種類とその数を最も簡単な整数の比で示した組成式で表す。

イオンからなる物質では，正（＋）の電荷と負（−）の電荷がつり合い，電気的に中性です。したがって，次の式にもとづいて陽イオンと陰イオンの数の割合を決定します。

$$（陽イオンの価数）×（陽イオンの数）=（陰イオンの価数）×（陰イオンの数）$$

↓

$$（陽イオンの数）:（陰イオンの数）=（陰イオンの価数）:（陽イオンの価数）$$

陽イオンと陰イオンの数の比は，陽イオンと陰イオンの価数の逆比になる。

組成式の書き方

① 陽イオンを前，陰イオンを後にして，イオン式を並べる。
② 陽イオンがもつ正の電荷と陰イオンがもつ負の電荷の大きさが等しくなるように，陽イオンと陰イオンの数の比を決める。
③ 陽イオンと陰イオンの数をそれぞれのイオン式の右下に書く。このとき，イオンの電荷はすべて省略する。
④ イオンの数の比が1のときは，「1」を省略する。また，数の比が2以上になる多原子イオンについては，その多原子イオンを（ ）で囲む。

例1 マグネシウムイオン Mg^{2+} と水酸化物イオン OH^- からなる物質の組成式

手　順	組成式の書き方	注意点
①陽イオンを前，陰イオンを後にして，イオン式を並べる。	Mg^{2+}　　OH^-	OH^- の価数は1である。
②陽イオンと陰イオンの数の比を決める。	1 ： 2	価数の比が 2：1 なので，その逆比の 1：2 が数の比となる。
③陽イオンと陰イオンの数をそれぞれのイオン式の右下に書く。	$Mg_1 OH_2$	結合すると電荷が打ち消し合うので，電荷は書かない。
④数の比の「1」を省略し，数の比が2以上になる多原子イオンを（ ）で囲む。	$Mg(OH)_2$	数の比が1となる多原子イオンについては，1も（ ）も不要。

チェック問題の答え　（1）組成式　（2）$CaSO_4$

例2 ナトリウムイオン Na⁺ と炭酸イオン CO₃²⁻ からなる物質の組成式

価数の比　　　　　逆比　　数の比　　　　　　　組成式
Na⁺ : CO₃²⁻ = 1 : 2　⟶　Na⁺ : CO₃²⁻ = 2 : 1　⟶　Na₂CO₃

CO₃²⁻ は数の比が1なので（ ）をつけない。

例3 アルミニウムイオン Al³⁺ と硫酸イオン SO₄²⁻ からなる物質の組成式

価数の比　　　　　逆比　　数の比　　　　　　　組成式
Al³⁺ : SO₄²⁻ = 3 : 2　⟶　Al³⁺ : SO₄²⁻ = 2 : 3　⟶　Al₂(SO₄)₃

SO₄²⁻ は数の比が3なので（ ）をつける。

組成式の読み方

イオンの名称から「～イオン」,「～物イオン」を除いたものを,陰イオン→陽イオンの順に読む。イオンの比を表す数は読まない。

例1 組成式 MgCl₂ の物質

陰イオン　　　　陽イオン
塩化物イオン ＋ マグネシウムイオン → 塩化マグネシウム
　除く　　　　　　　　除く

例2 組成式 Al₂(SO₄)₃ の物質

陰イオン　　　　陽イオン
硫酸イオン ＋ アルミニウムイオン → 硫酸アルミニウム
　除く　　　　　　　　除く

名　称	組成式	構成するイオン		数の比 (陽:陰)
		陽イオン	陰イオン	
塩化カリウム	KCl	カリウムイオン K⁺	塩化物イオン Cl⁻	1:1
炭酸カルシウム	CaCO₃	カルシウムイオン Ca²⁺	炭酸イオン CO₃²⁻	1:1
硫化ナトリウム	Na₂S	ナトリウムイオン Na⁺	硫化物イオン S²⁻	2:1
水酸化アルミニウム	Al(OH)₃	アルミニウムイオン Al³⁺	水酸化物イオン OH⁻	1:3
硝酸マグネシウム	Mg(NO₃)₂	マグネシウムイオン Mg²⁺	硝酸イオン NO₃⁻	1:2
硫酸アンモニウム	(NH₄)₂SO₄	アンモニウムイオン NH₄⁺	硫酸イオン SO₄²⁻	2:1
リン酸カルシウム	Ca₃(PO₄)₂	カルシウムイオン Ca²⁺	リン酸イオン PO₄³⁻	3:2

チェック問題

(1) 物質を構成するイオンの種類とその数の比を,最も簡単な整数の比で表した化学式を（　　　　　）という。

(2) カルシウムイオン Ca²⁺ と硫酸イオン SO₄²⁻ がイオン結合してできる物質の組成式は（　　　　　）である。

第2章 化学結合

19 イオン結晶

◎イオン結晶 … 陽イオンと陰イオンが規則正しく配列した結晶。

例 塩化ナトリウム NaCl の結晶の生成

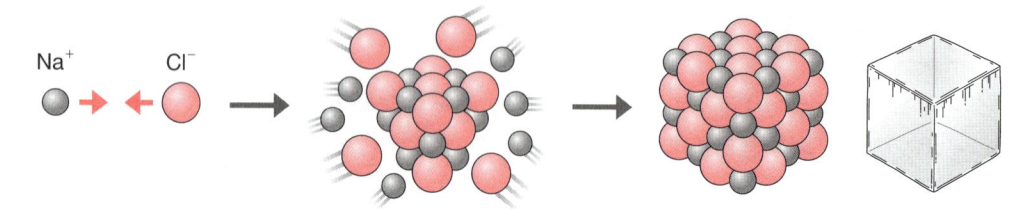

Na⁺ と Cl⁻ が1個ずつ結合しただけでは，安定化しない。

Na⁺ の周囲には多数の Cl⁻，Cl⁻ の周囲には多数の Na⁺ が集まった状態になると，安定化する。

Na⁺ と Cl⁻ が規則正しく配列された立方体のイオン結晶となる。

イオン結晶の性質

① 硬いがもろく，割れやすい。

例 塩化ナトリウム NaCl の結晶（岩塩）に強い力を加えると，特定の面に沿って割れ，小さな立方体の結晶となる。

> このような現象をへき開というよ。

> イオンの配置がずれると，同種の電荷どうしの間に強い反発力が生じる。

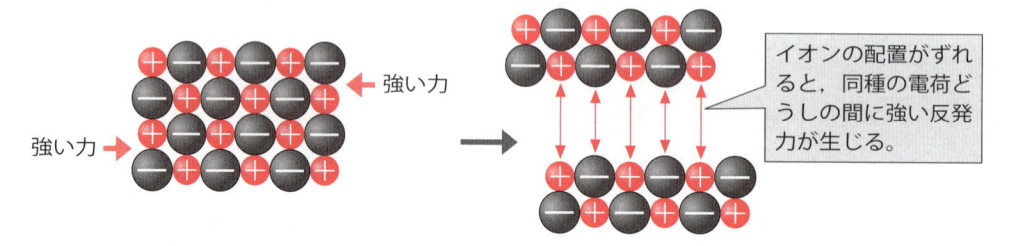

② 融点が高い。（イオン間の結合力が強いため。）
③ 固体は電気を通さないが，融解したり*1 水溶液にしたり*2 すると，電気を通す。
（融解したり，水溶液にしたりすると，イオンが移動できるようになるため。）

*1 水などを加えずに，結晶そのものを加熱して融かす。
*2 結晶に水を加えて溶かす。

44　チェック問題の答え　(1) イオン結晶　(2) 高く，水溶液

例 塩化ナトリウム NaCl の電気伝導性

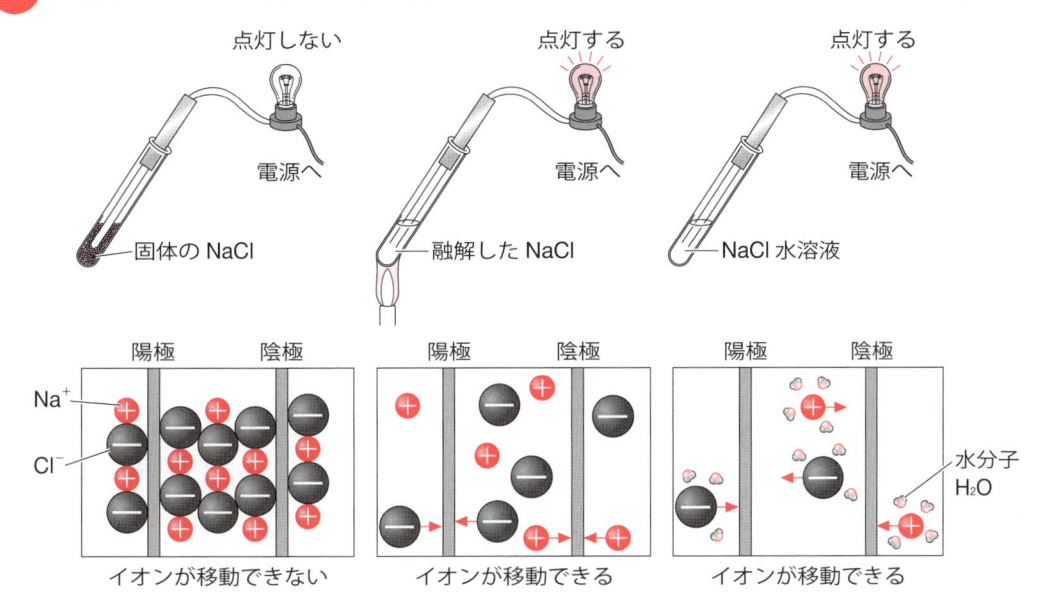

固体の NaCl：点灯しない（イオンが移動できない）
融解した NaCl：点灯する（イオンが移動できる）
NaCl 水溶液：点灯する（イオンが移動できる）

◎**電離** … 物質が陽イオンと陰イオンに分かれる現象。

◎**電解質** … 水に溶けると電離する物質。水溶液は電気を通す。

例 塩化ナトリウム NaCl，水酸化ナトリウム NaOH，塩化水素 HCl

◎**非電解質** … 水に溶けても電離しない物質。水溶液は電気を通さない。

例 グルコース $C_6H_{12}O_6$，スクロース $C_{12}H_{22}O_{11}$，エタノール C_2H_5OH

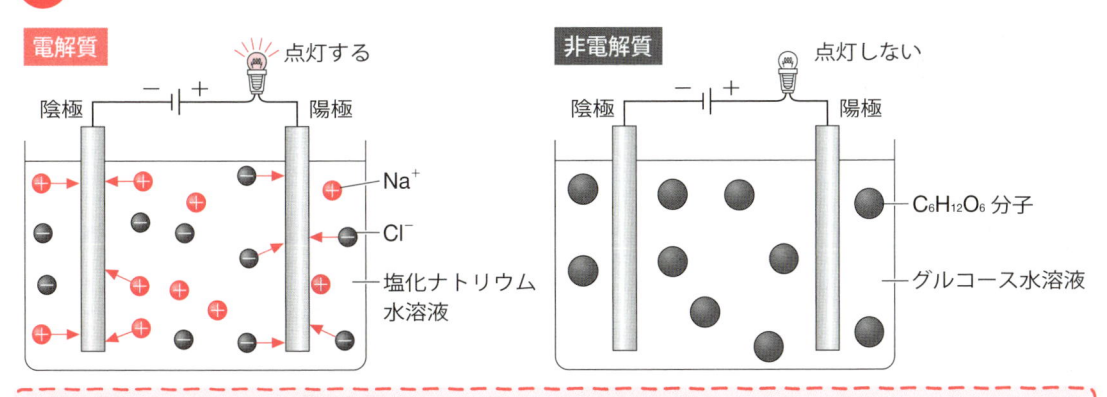

電解質（塩化ナトリウム水溶液）：点灯する
非電解質（グルコース水溶液）：点灯しない

チェック問題

(1) 陽イオンと陰イオンが規則正しく配列した結晶を（　　　　　）という。

(2) イオン結晶の融点は（　　　　），固体は電気を通さないが，融解したり，（　　　　　）にしたりすると，電気を通す。

45

20 分子の形成

◎**分子** … 決まった数の原子が結びついた粒子。

◎**分子式** … 分子を構成する原子の種類と数を示した化学式。

例 二酸化炭素の分子式 CO_2 は，分子1個が炭素原子 C 1個と酸素原子 O 2個からできていることを示す。

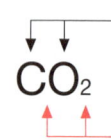

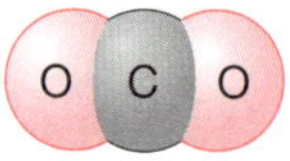

元素記号（原子の種類）
CO_2
原子の数（1は書かない）

代表的な分子とその分子式は，必ず覚えておこう！

分子名	分子式
水素	H_2
窒素	N_2
酸素	O_2
フッ素	F_2
塩素	Cl_2
臭素	Br_2

分子名	分子式
ヨウ素	I_2
一酸化炭素	CO
二酸化炭素	CO_2
塩化水素	HCl
水	H_2O
硫化水素	H_2S

分子名	分子式
アンモニア	NH_3
メタン	CH_4
四塩化炭素	CCl_4
メタノール	CH_4O [*1]
一酸化窒素	NO
二酸化窒素	NO_2

[*1] メタノールの分子式は CH_4O であるが，分子の構造をわかりやすくするために CH_3OH と表すことが多い。

◎**単原子分子** … 1個の原子からなる分子。

希ガスの原子は，ほかの原子と結合せず，原子1個が分子としてふるまう。

例 ヘリウム He，ネオン Ne，アルゴン Ar

◎**二原子分子** … 2個の原子からなる分子。

例 水素 H_2，酸素 O_2，窒素 N_2，塩素 Cl_2

アルゴン Ar
単原子分子

酸素 O_2
二原子分子

◎**多原子分子** … 3個以上の原子からなる分子。

例 水 H_2O，アンモニア NH_3，メタン CH_4

水 H_2O
三原子分子

アンモニア NH_3
四原子分子

どちらも多原子分子

チェック問題の答え　(1) 分子　(2) 分子式　(3) 単原子分子　(4) 共有結合

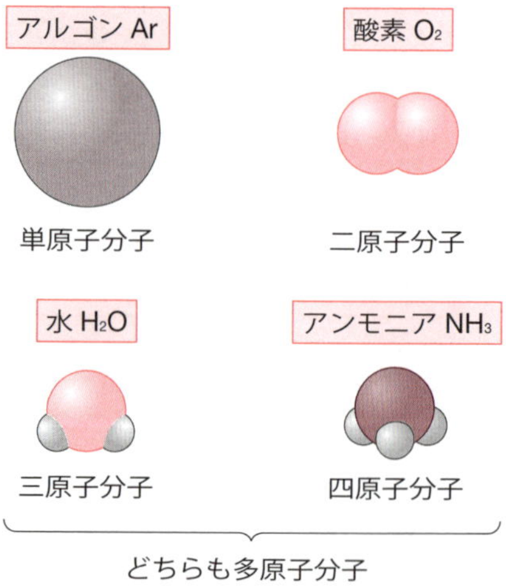

◎共有結合 … 2個の原子が互いに価電子を出し合い、その電子を共有してできる結合。非金属元素の原子どうしは、共有結合によって分子を形成する。

例1 水素分子 H_2 の形成

2個の水素原子 H が近づくと、電子殻が重なり合い、価電子は相手の原子核からも静電気的な引力を受けるようになる。

→ 2個の電子は組み合わさって対（**電子対**）となり、両方の原子に共有される（**共有結合**）。

> 水素分子中の各水素原子は、希ガスのヘリウム He と同じ電子配置になっている。

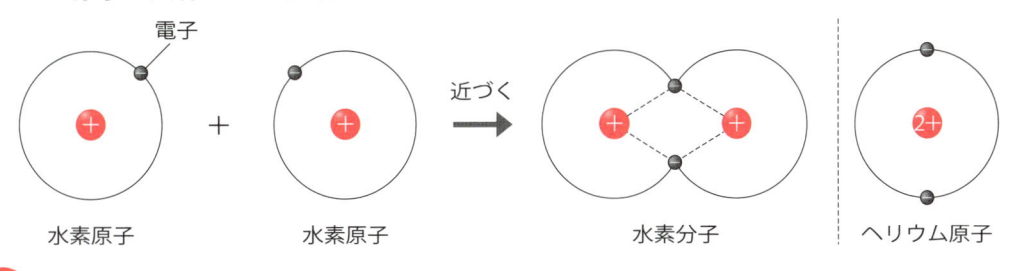

水素原子　水素原子　水素分子　ヘリウム原子

例2 塩化水素分子 HCl の形成

水素原子 H はヘリウム原子 He に比べて電子が1個不足しており、塩素原子 Cl はアルゴン原子 Ar に比べて電子が1個不足している。

→ 不足する電子を補うため、価電子を1個ずつ出し合い、共有する（共有結合）。

> 水素原子はヘリウム原子と同じ電子配置、塩素原子はアルゴン原子と同じ電子配置になっている。

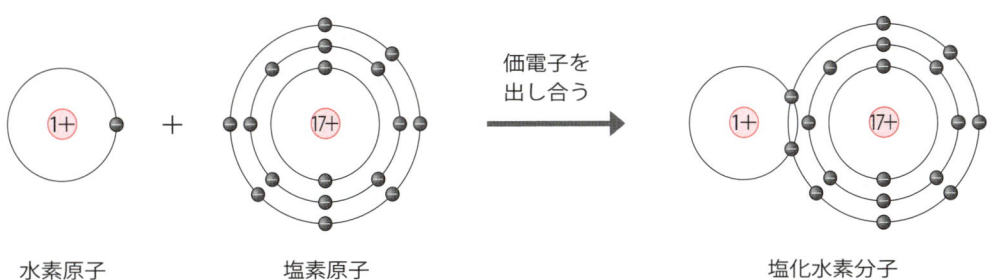

水素原子　塩素原子　塩化水素分子

チェック問題

(1) 決まった数の原子が結びついた粒子を（　　　　）という。

(2) 分子を構成する原子の種類と数を表した式を（　　　　）という。

(3) 希ガスは、原子1個が分子としてふるまうので、（　　　　）とよばれる。

(4) 原子が価電子を出し合い、その電子を共有してできる結合を（　　　　）という。

21 電子式

◎**電子対** … 最外殻電子のうち，2個で対になったもの。

◎**不対電子** … 最外殻電子のうち，対になっていないもの。

◎**電子式** … 元素記号のまわりに最外殻電子を点・で表した式。

原子の電子式の書き方

① 元素記号の上下左右に，電子が入る4つの場所を考える。

② 電子が分散したほうが安定になるので，4個目までの電子は，別々の場所に1個ずつ入れる。

③ 5個目からの電子は，すでに電子が入っている場所のどこかに入れる。

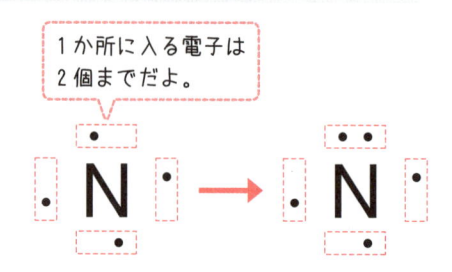

> 1か所に入る電子は2個までだよ。

·N· → ·N··

まず，1個ずつ入れる。　　5個目からは，対ができる。

族	1	2	13	14	15	16	17	18
第1周期	H·							He:
第2周期	Li·	·Be·	·B·	·C·	·N·	·O·	·F:	:Ne:
第3周期	Na·	·Mg·	·Al·	·Si·	·P·	·S·	·Cl:	:Ar:

（注意）・必要に応じて，下の(a)～(d)のように点の位置を変えてもよいが，(e)のように不対電子2個をまとめて電子対に変えてはならない。

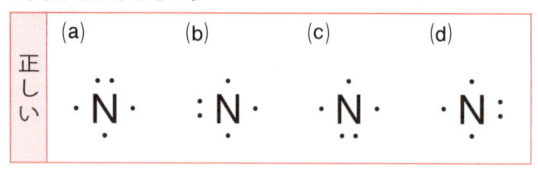

正しい： (a) ·N·· (b) :N· (c) ·N: (d) ·N·
誤り： (e) :N·

> 電子式では，電子対と不対電子をきちんと区別しよう！

・ヘリウム He については，電子が入る場所が1つしかないため，電子式は Ḧe ではなく，He: と書く。

◎**共有電子対** … 2原子間で共有されている電子対。共有結合に関係する。結合前に不対電子であったものが，結合後に共有電子対になる。

◎**非共有電子対** … 2原子間で共有されていない電子対。共有結合に関係しない。結合前にすでに電子対になっていたものは，結合後に非共有電子対になる。

チェック問題の答え　(1) 電子対，不対電子　(2) 電子式　(3) 共有電子対，非共有電子対

分子の電子式の書き方（塩化水素分子 HCl の場合）

① 水素原子 H と塩素原子 Cl は，不対電子を出し合って共有結合を形成する。
② 出し合ってできた電子対は，2 原子間で共有され，共有電子対となる。
③ Cl 原子にあった電子対は，共有結合に関係しない非共有電子対となる。

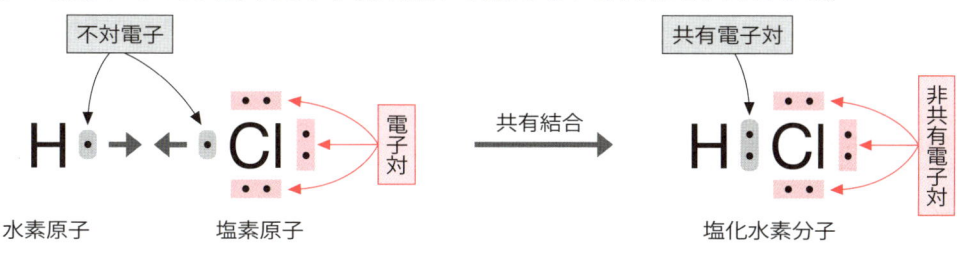

問題 次の(1), (2)の分子中には，共有電子対と非共有電子対が何組ずつあるか。
(1) 酸素分子 O_2
(2) 窒素分子 N_2

解説
(1) 酸素原子 O は 2 個ずつ不対電子を出し合って共有結合を形成し，それぞれが希ガスのネオン原子 Ne と同じ電子配置となっています。

したがって，共有電子対は **2 組**，非共有電子対は **4 組** です。……**答**

(2) 窒素原子 N は 3 個ずつ不対電子を出し合って共有結合を形成し，それぞれが Ne 原子と同じ電子配置となっています。

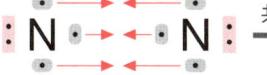

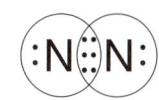

したがって，共有電子対は **3 組**，非共有電子対は **2 組** です。……**答**

チェック問題

(1) 最外殻電子のうち，2 個で対になったものを（　　　　　）といい，対になっていないものを（　　　　　）という。

(2) 元素記号のまわりに最外殻電子を点・で表した式を（　　　　　）という。

(3) 分子中で，2 原子間で共有されている電子対を（　　　　　）といい，2 原子間で共有されていない電子対を（　　　　　）という。

22 構造式

◎**構造式** … 原子間の共有結合のようすを1本の線(**価標**)を用いて表した式。

> 構造式は，分子の形を正確に表すものではないよ。

電子式を構造式にする方法

① 1組の共有電子対(：)を，1本の価標(－)で表す。
② 非共有電子対は，すべて省略する。

電子式　　　　　　　　　　構造式

H：Cl： → 省略 →　H－Cl

◎**単結合** …… 1組の共有電子対による共有結合。1本線(－)で表す。
◎**二重結合** … 2組の共有電子対による共有結合。2本線(＝)で表す。
◎**三重結合** … 3組の共有電子対による共有結合。3本線(≡)で表す。

＊四重結合は存在しない。

分子・分子式	塩化水素 HCl	酸素 O_2	窒素 N_2
原子の電子式	H・ ←・Cl：	：O・ ←→ ・O：	：N・ ←→ ・N：
分子の電子式	H：Cl： 共有電子対1組	：O::O： 共有電子対2組	：N:::N： 共有電子対3組
構造式	H－Cl 価標1本	O＝O 価標2本	N≡N 価標3本
共有結合の種類	単結合	二重結合	三重結合

◎**化学式** … イオン式や組成式，分子式，電子式，構造式のように，元素記号を使って物質の組成や構造を表した式。

チェック問題の答え　(1)構造式　(2)単結合，二重結合，三重結合　(3)化学式　(4)原子価

◎原子価 … 各原子がもつ価標の数。不対電子の数と等しい。

族	1	2	13	14	15	16	17	18
価電子の数	1	2	3	4	5	6	7	0
電子式	Li·	·Be·	·Ḃ·	·Ċ·	·N̈·	·Ö·	:F̈·	:N̈e:
不対電子の数	1	2	3	4	3	2	1	0
原子価	1	2	3	4	3	2	1	0
価標	Li–	–Be–	–B̩–	–C̩̍–	–N̩–	–O–	F–	Ne

価標をもとにした構造式の書き方

① 構造式は，各原子の価標を過不足なく組み合わせてつくる。
② 原子価が多い炭素原子C（4価）や窒素原子N（3価）を中心として，その周囲に原子価が少ない酸素原子O（2価）や水素原子H（1価）を並べるようにするとよい。
③ 分子の立体構造（形）まで考慮する必要はない。

例 二酸化炭素分子 CO_2 の構造式と電子式

原子価が4価の炭素原子Cを中心に，原子価が2価の酸素原子Oを二重結合で組み合わせる。

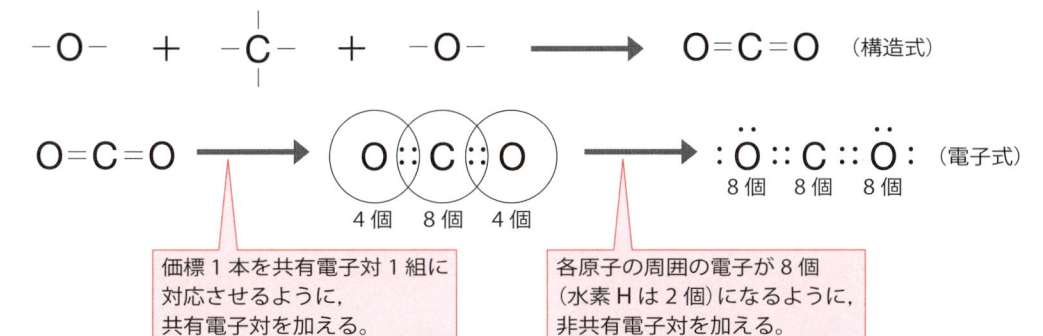

–O– + –C̩– + –O– → O=C=O （構造式）

O=C=O → (O::C::O) 4個 8個 4個 → :Ö::C::Ö: （電子式）
　　　　　　　　　　　　　　　　　　　　　8個 8個 8個

価標1本を共有電子対1組に対応させるように，共有電子対を加える。

各原子の周囲の電子が8個（水素Hは2個）になるように，非共有電子対を加える。

チェック問題

(1) 原子間の共有結合のようすを価標を用いて表した式を(　　　　)という。
(2) 1組の共有電子対からなる共有結合を(　　　　)，2組の共有電子対からなる共有結合を(　　　　)，3組の共有電子対からなる共有結合を(　　　　)という。
(3) 元素記号を使って物質の組成や構造を表した式を総称して(　　　　)という。
(4) 各原子がもつ価標の数を(　　　　)という。

第2章 化学結合

23 分子の形

分子は，構成する原子の数や種類，共有結合のしかたによって，特有の形をもつ。

物　質	水　素	水	アンモニア	メタン	二酸化炭素
分子式	H_2	H_2O	NH_3	CH_4	CO_2
構造式	H−H	H−O−H	H−N−H ｜ H	H ｜ H−C−H ｜ H	O=C=O
分子の形	（直線形）	折れ線形	三角錐形	正四面体形[*1]	直線形

[*1] 正四面体とは，底面および3つの側面のすべてが正三角形の三角錐である。

◎**結合距離** … 結合している原子の中心間の距離。

◎**結合角** … 隣り合う2つの結合がなす角度。

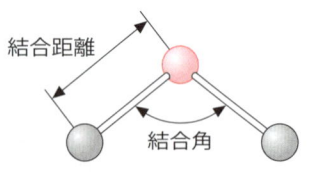

参考　分子の形と電子対の反発

水素H_2や酸素O_2，窒素N_2など，二原子分子はすべて直線形です。これに対し，多原子分子には，さまざまな形のものが存在します。これはなぜでしょうか。

たとえば，三原子分子だと，水H_2Oは折れ線形なのに，二酸化炭素CO_2は直線形だね。

分子中の共有電子対や非共有電子対は，それぞれ負の電荷を帯びています。そのため，分子中の電子対どうしは互いに反発し合います。このとき，次のような規則があります。

1　それぞれの電子対は，反発力が最小となるように，空間的に最も離れた方向に配置される。
2　電子対の反発力の大きさには，次の大小関係がある。
　非共有電子対どうし＞非共有電子対と共有電子対＞共有電子対どうし[*2]

[*2] 非共有電子対は1つの原子核からの引力しか受けないので，2つの原子核からの引力を受ける共有電子対に比べて，電子軌道がふくらんでいるため。

チェック問題の答え　(1) 折れ線，三角錐，正四面体，直線

①メタン CH₄ の分子の形

　CH₄ のように，中心の C 原子に 4 対の共有電子対（単結合(たんけつごう)）をもつ分子の場合，各電子対は空間的に最も離れた方向，つまり，C 原子を中心とする正四面体の頂点の方向に配置されます。したがって，分子の形は**正四面体形**となります。

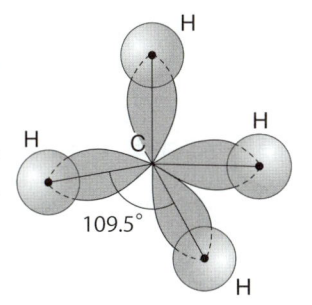

正四面体の中心に C 原子，頂点に H 原子が位置する。

②アンモニア NH₃ の分子の形

　NH₃ のように，中心の N 原子に 3 対の共有電子対（単結合）と 1 対の非共有電子対をもつ分子の場合，各電子対は N 原子を中心とする正四面体の頂点の方向に配置されます。しかし，ふくらみが大きい 1 対の非共有電子対によって，ほかの 3 対の共有電子対が押しつけられ，分子の形は**三角錐形**となります。

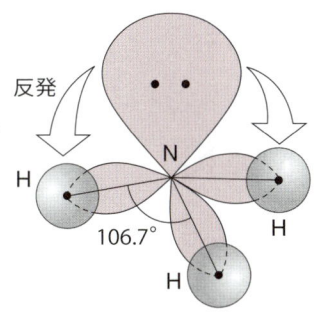

三角錐の頂点に N 原子，底面の正三角形の頂点に H 原子が位置する。

③水 H₂O の分子の形

　H₂O のように，中心の O 原子に 2 対の共有電子対（単結合）と 2 対の非共有電子対をもつ分子の場合，各電子対は O 原子を中心とする正四面体の頂点の方向に配置されます。しかし，ふくらみが大きい 2 対の非共有電子対によって，ほかの 2 対の共有電子対が押しつけられ，分子の形は**折れ線形**となります。

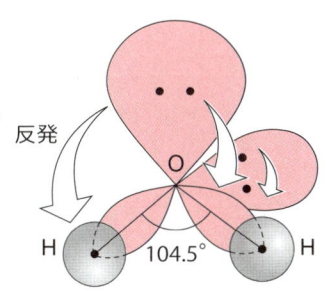

二等辺三角形の頂点に O 原子，底辺の両端に H 原子が位置する。

チェック問題

(1) 水 H₂O の分子の形は(　　　　　　)形，アンモニア NH₃ の分子の形は(　　　　　　)形，メタン CH₄ の分子の形は(　　　　　　　)形，二酸化炭素 CO₂ の分子の形は(　　　　)形である。

24 配位結合，電気陰性度

◎**配位結合** … 一方の原子の非共有電子対を他方の原子に提供してできる共有結合。配位結合の性質は，通常の共有結合と同じである。

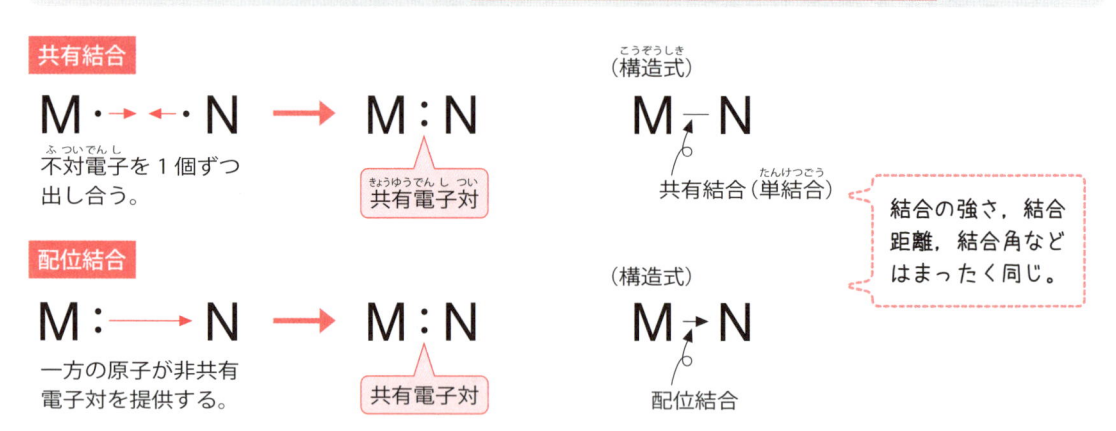

共有結合

M・→ ←・N → M:N → M−N （構造式）

不対電子を1個ずつ出し合う。　共有電子対　共有結合（単結合）

結合の強さ，結合距離，結合角などはまったく同じ。

配位結合

M: → N → M:N → M→N （構造式）

一方の原子が非共有電子対を提供する。　共有電子対　配位結合

　配位結合を区別したいときは，上の図のように，電子対を提供した原子から受け入れる原子に向かう矢印で表すことがあります。

例1 アンモニウムイオン NH_4^+

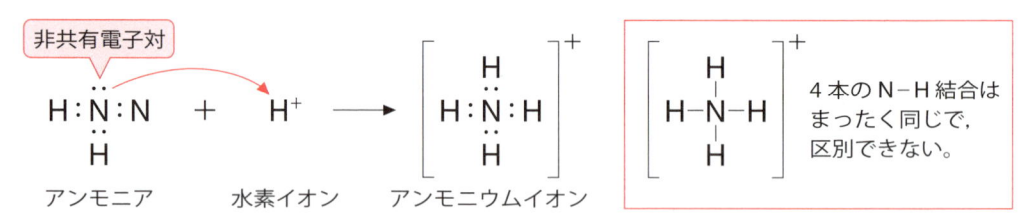

非共有電子対

H:N:H + H⁺ → [H:N:H]⁺ → [H−N−H]⁺　　4本のN−H結合はまったく同じで，区別できない。
　H　　　　　　　H　　　　H
アンモニア　水素イオン　アンモニウムイオン

例2 オキソニウムイオン H_3O^+

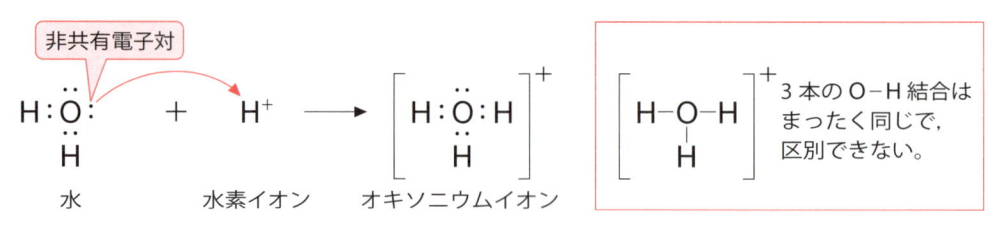

非共有電子対

H:Ö: + H⁺ → [H:Ö:H]⁺ → [H−O−H]⁺　　3本のO−H結合はまったく同じで，区別できない。
　H　　　　　　　H　　　　H
水　　水素イオン　オキソニウムイオン

◎**電気陰性度** … 共有結合のときに，各原子が共有電子対を引きつける強さを数値で表したもの。

- 電気陰性度が大きい原子は，電子を引きつける力が強い。→非金属元素の原子
- 電気陰性度が小さい原子は，電子を引きつける力が弱い。→金属元素の原子

チェック問題の答え　(1)配位結合　(2)電気陰性度，右上，フッ素

典型元素の電気陰性度

① 周期表では，右上にある元素ほど電気陰性度が大きく，左下にある元素ほど電気陰性度が小さい傾向がある。
② フッ素 F，酸素 O，塩素 Cl，窒素 N は，特に大きな値をとる（F が最大）。
③ 希ガス（He，Ne，Ar など）は結合をつくらないので，電気陰性度を定義しない。

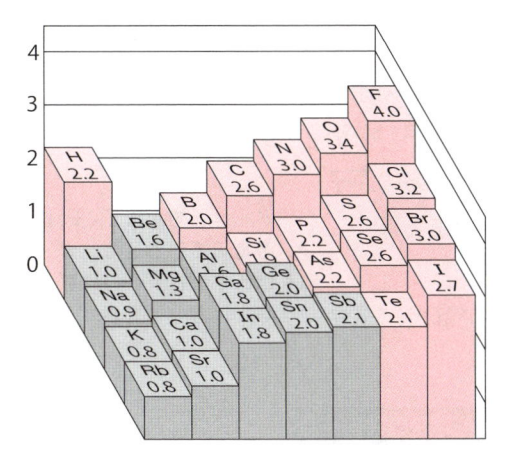

＊典型元素の電気陰性度（ポーリングの値）を示す。

おおむね，金属元素の電気陰性度は 2.0 より小さく，非金属元素の電気陰性度は 2.0 より大きい。

参考　イオン化エネルギー・電子親和力と電気陰性度

　高校化学では，電気陰性度には上の図のポーリング（アメリカ）の定義した値を用いるのが一般的ですが，ほかの定義もあります。
　イオン化エネルギーは，原子が電子1個をとり去るのに必要なエネルギーです。原子核と電子の間にはたらく静電気的な引力に逆らって電子をとり去るので，**イオン化エネルギーが大きいほど，原子核が電子を引きつける力が大きい**と考えられます。
　また，**電子親和力は，原子が電子1個を受けとるときに放出するエネルギー**です。物質にはエネルギーを放出するほど安定になる性質があるので，**電子親和力が大きいほど電子を受けとりやすい**，つまり，**原子核が電子を引きつけやすい**と考えられます。
　そこで，マリケン（アメリカ）は，イオン化エネルギーと電子親和力の平均値をもとに電気陰性度を定義しました。ポーリングの電気陰性度とマリケンの電気陰性度は，値は異なりますが，値の大小の傾向はとてもよく似ています。

チェック問題

(1) 一方の原子の非共有電子対を他方の原子に提供してできる共有結合を，特に（　　　　　　）という。

(2) 共有結合のときに，各原子が共有電子対を引きつける強さを数値で表したものを（　　　　　　）という。周期表では，（　　　　）にある元素ほど大きく，最大値をとる元素は（　　　　　　）である。

25 分子の極性

> ◎**結合の極性** … 共有結合している2原子の間に電荷の偏りがある場合，その結合は**極性**をもつという。

　2個の原子が共有結合で結びつくとき，共有電子対は2個の原子の原子核と原子核の間にあります。しかし，原子が共有電子対を引きつける強さ（電気陰性度）が異なる場合，共有電子対が一方の原子のほうに強く引きよせられた状態になり，電荷の偏りが生じます。これが，**結合の極性**です。

　結合している2個の原子の電気陰性度の差が大きいほど，結合の極性が大きくなります。

> δ＋はわずかに正（＋）に帯電していること，δ－はわずかに負（－）に帯電していることを表すよ。

同種の原子の共有結合

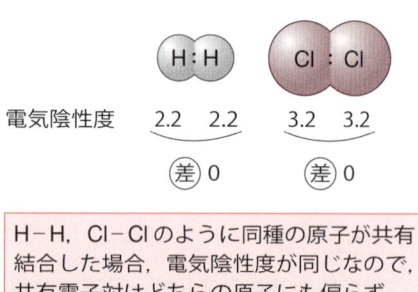

H:H　　Cl:Cl
電気陰性度　2.2　2.2　　3.2　3.2
　　　　　差 0　　　　　差 0

H−H, Cl−Clのように同種の原子が共有結合した場合，電気陰性度が同じなので，共有電子対はどちらの原子にも偏らず，均等に分布している。

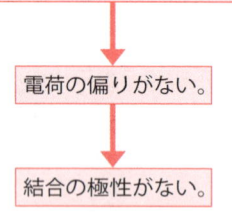

↓

電荷の偏りがない。

↓

結合の極性がない。

異種の原子の共有結合

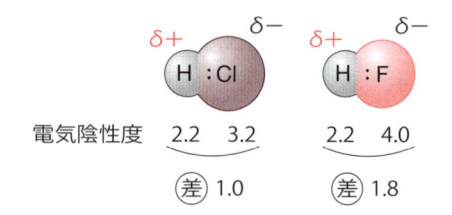

δ＋　δ−　　δ＋　δ−
H:Cl　　　H:F
電気陰性度　2.2　3.2　　2.2　4.0
　　　　　差 1.0　　　　差 1.8

H−Cl, H−Fのように異種の原子が共有結合した場合，共有電子対は電気陰性度が大きい原子（ClやF）のほうに引きよせられる。

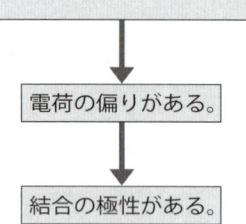

↓

電荷の偏りがある。

↓

結合の極性がある。

> ◎**極性分子** …… 分子全体として電荷の偏りをもつ分子。
> ◎**無極性分子** … 分子全体として電荷の偏りをもたない分子。

　分子をつくるそれぞれの結合の極性の有無は，分子全体の極性（**分子の極性**）の有無にかかわります。このとき，分子を構成する原子の数や分子の形が影響します。

> 分子が2個の原子からなる場合と，3個以上の原子からなる場合に分けて考えるよ。

チェック問題の答え　(1) 極性　(2) 極性分子，無極性分子

二原子分子の極性

① 同種の原子からなる分子（H_2, N_2, Cl_2 など）は，結合に極性がないため，分子全体としても極性をもたない。→ 無極性分子
② 異種の原子からなる分子（HCl, HF など）は，結合に極性があり，分子全体としても極性をもつ。→ 極性分子

> 2原子分子の場合，結合の極性がそのまま分子全体の極性になるよ。

多原子分子の極性

① 分子が直線形の CO_2 や正四面体形の CH_4 などは，結合の極性が打ち消し合うため，分子全体としては極性をもたない。→ 無極性分子
② 分子が折れ線形の H_2O や三角錐形の NH_3 などは，結合の極性が打ち消し合わないため，分子全体として極性をもつ。→ 極性分子

二酸化炭素 CO_2 分子　直線形
C＝O 結合の電荷の偏りを→で表すと，2本の矢印の長さが等しく，逆向きであるため，互いに打ち消し合う。

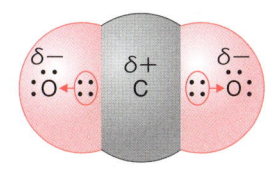

メタン CH_4 分子　正四面体形
C−H 結合の電荷の偏りを→で表すと，上向きの3本の矢印は下向きの1本の矢印で打ち消される。

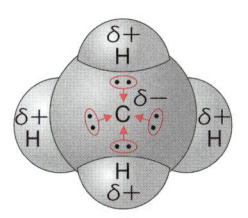

水 H_2O 分子　折れ線形
O−H 結合の電荷の偏りを→で表すと，2本の矢印の長さは等しいが向きが反対ではないので，打ち消し合わない。

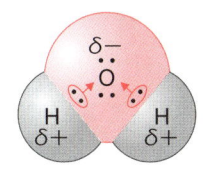

アンモニア NH_3 分子　三角錐形
N−H 結合の電荷の偏りを→で表すと，3本の矢印の長さは等しいが下向きの矢印がないので，打ち消し合わない。

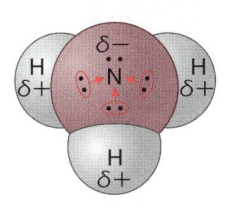

チェック問題

(1) 異なる種類の原子が共有結合すると，原子間には電荷の偏りが生じる。この電荷の偏りを，結合の（　　　　）という。
(2) 分子全体として電荷の偏りをもつ分子を（　　　　　　）といい，分子全体として電荷の偏りをもたない分子を（　　　　　　）という。

26 分子間力と分子結晶

◎分子間力 … すべての分子の間にはたらく弱い引力。

常温で気体として存在する酸素 O_2 や窒素 N_2 も，低温にすると液体や固体に変化します。これは，O_2 分子どうしや N_2 分子どうしの間にも引き合う力がはたらいていることを示しています。このような引力はすべての分子の間にはたらいており，**分子間力**とよばれます。

> 分子間力は，これまでに学習したイオン結合や共有結合，28で学習する金属結合に比べると，はるかに弱いよ。

極性分子間にはたらく分子間力

塩化水素 HCl 分子の場合，電気陰性度が H(2.2)＜Cl(3.2) のため，H 原子がわずかに＋に帯電し，Cl 原子がわずかに－に帯電しており，分子全体としても極性をもちます。そのため，分子間では，＋に帯電した部分と－に帯電した部分において，つねに静電気的な引力がはたらきます。

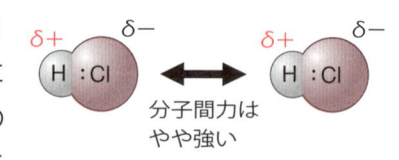

分子間力はやや強い

無極性分子間にはたらく分子間力

酸素 O_2 分子の場合，2 個の O 原子の電気陰性度が同じであるため，結合に極性がなく，分子全体としても極性をもちません。しかし，分子内の電子の運動によって瞬間的な電荷の偏りが生じ，分子間には引き合う力がはたらきます。

分子間力はやや弱い

参考 ファンデルワールス力と水素結合

上にあげた極性分子間や無極性分子間にはたらく力をまとめて，**ファンデルワールス力**といいます。ファンデルワールス力は，極性・無極性を問わず，すべての分子間にはたらく力です。

分子間力には，ファンデルワールス力のほかに，**水素結合**があります。水素結合は，電気陰性度が特に大きい原子（フッ素 F，酸素 O，窒素 N）と水素原子 H の結合をもつ分子間で形成される特別な結合で，フッ化水素 HF や水 H_2O，アンモニア NH_3 などで見られます。

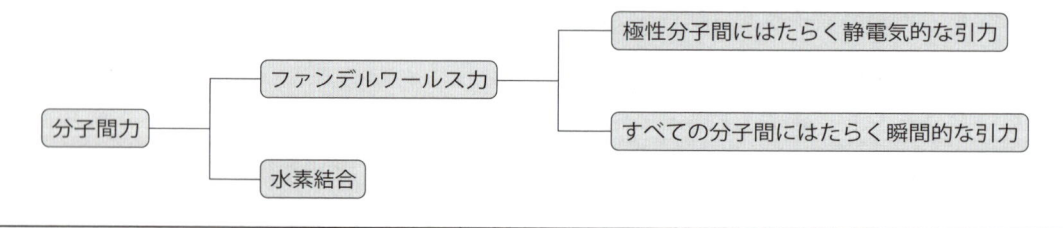

分子間力
├─ ファンデルワールス力
│   ├─ 極性分子間にはたらく静電気的な引力
│   └─ すべての分子間にはたらく瞬間的な引力
└─ 水素結合

チェック問題の答え　(1) 分子間力，弱い　(2) 分子結晶，低く，昇華性，通さない

◎分子結晶 … 分子が分子間力によって規則正しく配列してできた結晶。

例 ドライアイス（二酸化炭素の固体）CO_2, ヨウ素 I_2, ナフタレン $C_{10}H_8$

CO_2 の結晶

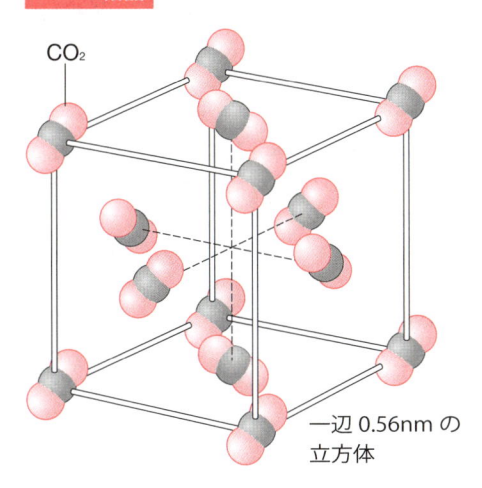

一辺 0.56nm の立方体

CO_2 分子が分子間力で結びついてできた白色の結晶。木づちで簡単に割ることができる。常温では，液体を経ずに気体に変化する（昇華）。

I_2 の結晶

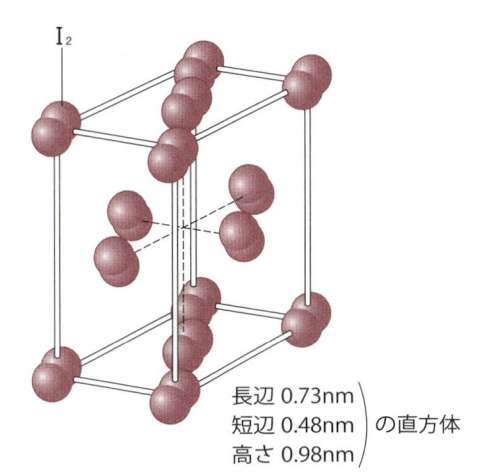

長辺 0.73nm
短辺 0.48nm の直方体
高さ 0.98nm

I_2 分子が分子間力で結びついてできた黒紫色の結晶。常温では昇華しないが，加熱すると容易に昇華して，紫色の気体になる（→p.9）。

分子結晶の性質

① 融点が低く，軟らかくて砕けやすい。←分子間力が弱いため。
② 固体から直接気体になる性質（**昇華性**）を示すものが多い。
③ 固体・液体ともに電気を通さない。←分子は電荷をもたないため。

チェック問題

(1) すべての分子の間にはたらく弱い引力を（　　　　　）といい，イオン結合や共有結合，金属結合に比べてはるかに（　　　　）。

(2) 多数の分子が分子間力によって規則正しく配列してできた結晶を（　　　　　）といい，次のような性質をもつ。
　• 融点が（　　　　），軟らかくて砕けやすい。
　• 固体から直接気体になる性質である（　　　　　）を示すものが多い。
　• 固体も液体も電気を（　　　　　）。

第 2 章　化学結合

59

27 共有結合の結晶

◎**共有結合の結晶** … 多数の原子が共有結合によって次々に結びついてできた結晶。

> CとSiの単体およびSiの化合物は，ほぼ共有結合の結晶をつくると考えていいよ。

周期表で14族に属する炭素Cやケイ素Siは，原子価が4価（最大）で，多数の原子が共有結合だけで結びついて結晶を形成します。共有結合の結晶をつくる物質の化学式は，組成式で表します。

> 共有結合の結晶は，結晶全体を1つの巨大な分子と考えることができるよ。

例 ダイヤモンドC，黒鉛C，ケイ素Si，二酸化ケイ素 SiO_2

共有結合の結晶の性質

① 融点が非常に高い。←共有結合の結合力が強いため。
② きわめて硬い。
③ 電気を通さない。←結晶内に自由に動ける電子が存在しないため。

> 黒鉛Cは例外で軟らかく，電気を通すよ。

ダイヤモンドと黒鉛

ダイヤモンドと黒鉛は炭素Cの同素体（→7）。

	ダイヤモンドC	黒鉛C
構造		
結合	4個の価電子を使って，ほかの4個のC原子と共有結合で結びつく。 ↓ 正四面体を基本単位とする立体網目状構造を形成する。	3個の価電子を使って，ほかの3個のC原子と共有結合で結びつく。 ↓ 正六角形を基本単位とする平面層状構造を形成し，各層は弱い分子間力で結びつく。
	・自由に動ける電子がない。	・残る1個の価電子が自由に動く。
性質	・非常に硬い。 ・電気を通さない。	・軟らかく，うすくはがれやすい。 ・電気をよく通す。

チェック問題の答え (1) 共有結合の結晶，高い，通さない　(2) 炭素・ケイ素（順不同）　(3) 4　(4) 3

ケイ素と二酸化ケイ素

	ケイ素 Si	二酸化ケイ素 SiO_2 [*1]
構造		
結合	4個の価電子を使って、ほかの4個のSi原子と共有結合で結びつく。 ↓ 正四面体を基本単位とする立体網目状構造を形成する。	Si原子とO原子が交互に共有結合で結びつく。Si原子は4個のO原子と結合している。 ↓ 正四面体を基本単位とする立体網目状構造を形成する。
性質	・融点が高い。 ・電気をわずかに通す。[*2]	・融点が高い。 ・電気を通さない。

*1 二酸化ケイ素の結晶は、SiO_4の四面体を基本単位としてできているが、組成式はSiO_4ではない。なぜなら、4個のO原子は隣り合うSi原子によって共有されており、Si原子1個あたりのO原子は2個である。よって、組成式は、Si:O=1:2より、SiO_2である。

*2 ケイ素のSi-Si結合は、ダイヤモンドのC-C結合に比べて結合力が少し弱いので、熱や光によって、その結合の一部が切れてわずかに電気を通す。ケイ素Siのように、金属と非金属の中間の電気伝導性をもつ物質を半導体といい、太陽電池や電子部品の材料に用いられる。

第2章 化学結合

チェック問題

(1) 多数の原子が共有結合によって次々に結びついてできた結晶を(　　　　　　　　)といい、次のような性質をもつ。
- 融点が非常に(　　　　)。
- きわめて硬い。
- 電気を(　　　　　　　)(ただし、黒鉛を除く)。

(2) 単体が共有結合の結晶をつくる原子には、(　　　　　)と(　　　　　)がある。

(3) ダイヤモンドは(　　)個の価電子を共有結合に使って、正四面体を基本単位とした立体網目状構造の結晶を形成する。

(4) 黒鉛は(　　)個の価電子を共有結合に使って、正六角形を基本単位とした平面層状構造の結晶を形成する。

28 金属結合と金属結晶

◎**自由電子**…金属中を自由に動き回ることができる電子。特定の金属原子の間で共有されているのではなく，<u>すべての金属原子の間で共有されている</u>。

◎**金属結合**…<u>自由電子を仲立ち</u>とした，金属原子どうしの結合。

金属原子は，イオン化エネルギーが小さく，価電子を放出しやすいという性質をもちます。金属の単体では，放出された価電子が各原子から離れ，金属中を自由に動き回ることができます。このような電子を**自由電子**といい，金属に特有な性質を示すもととなります。

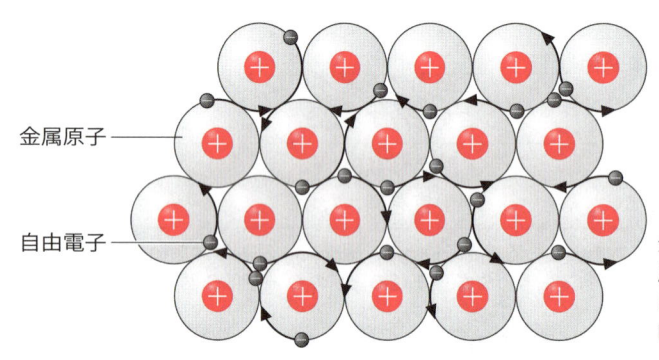

金属原子 ──
自由電子 ──

> 自由電子が，金属原子を結びつける接着剤のような役割をしているよ。

金属原子から放出された価電子は特定の金属原子に所属することなく，金属全体を自由に移動することにより，金属原子を間接的に結びつける役割をする。

◎**金属結晶**…金属原子が金属結合によって結びついてできた結晶。

金属結晶をつくる物質(金属)の化学式は，組成式で表します。

> 元素記号と同じになるよ。

例 亜鉛 Zn，鉄 Fe，銅 Cu，銀 Ag，金 Au，スズ Sn，鉛 Pb，水銀 Hg，バリウム Ba

右の図のように，金属の融点はさまざまですが，常温では，水銀以外はすべて固体で，金属結晶をつくっています。

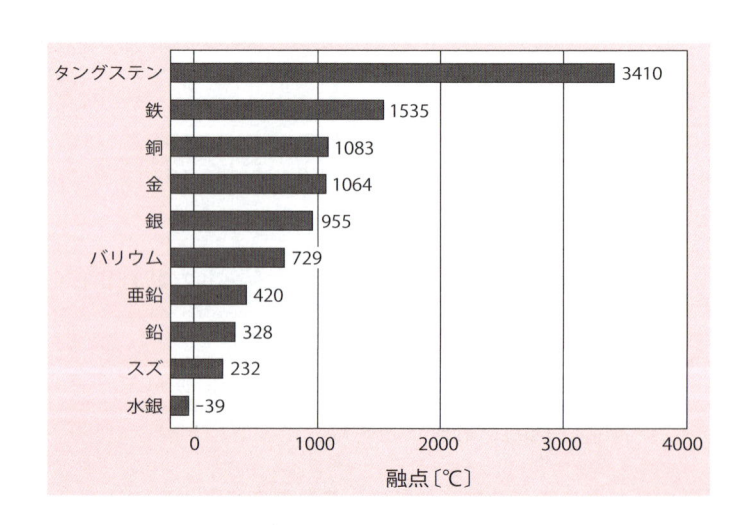

金属	融点 [℃]
タングステン	3410
鉄	1535
銅	1083
金	1064
銀	955
バリウム	729
亜鉛	420
鉛	328
スズ	232
水銀	-39

チェック問題の答え (1) 自由電子 (2) 金属結合 (3) 金属結晶，電気・熱(順不同)，展性，延性

金属結晶の性質

① 金属光沢がある。←自由電子が光をよく反射するため。

② 電気をよく通し，熱をよく伝える（電気伝導性・熱伝導性が大きい）。
　↑自由電子が金属中を移動して，電気や熱を伝えるため。

③ 展性（たたくとうすく広がる性質）や延性（引っ張ると細くのびる性質）に富む。
　↑原子の配列がずれても，ただちに自由電子が移動してくるので，金属結合が保たれるため。

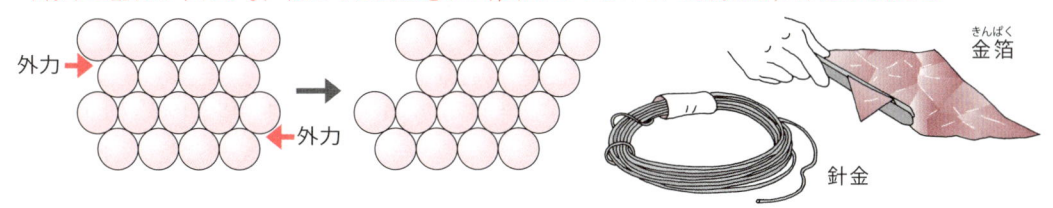

参考　金属結晶の構造

金属結晶では，金属の原子が規則正しく立体的に並んでいます。このような金属原子の配列構造を結晶格子といいます。金属結晶の結晶格子には，面心立方格子，体心立方格子，六方最密構造があります。

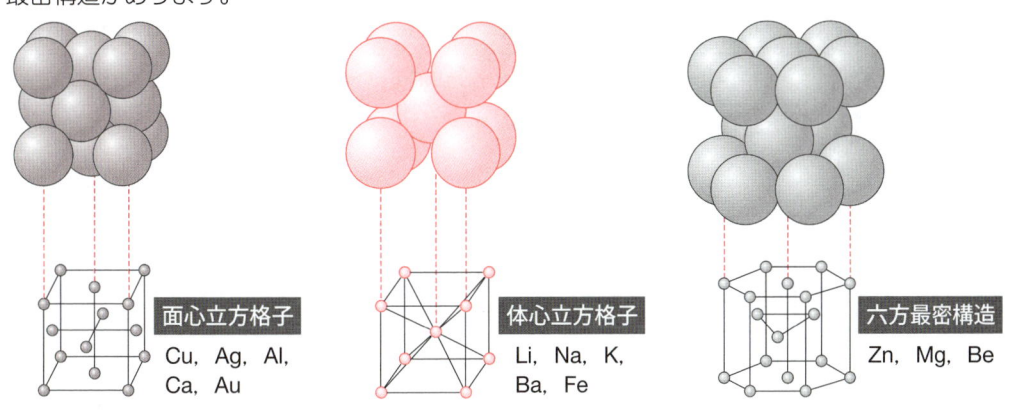

面心立方格子　Cu, Ag, Al, Ca, Au

体心立方格子　Li, Na, K, Ba, Fe

六方最密構造　Zn, Mg, Be

チェック問題

(1) 金属中を自由に動き回ることができる電子を（　　　　　）という。

(2) 自由電子を仲立ちとした金属原子どうしの結合を（　　　　　）という。

(3) 金属原子が金属結合によって結びついてできた結晶を（　　　　　）といい，次のような性質をもつ。
- 金属光沢をもつ。
- （　　　）や（　　　）の伝導性が大きい。
- （　　　）（たたくとうすく広がる性質）や（　　　）（引っ張ると細くのびる性質）に富む。

29 化学結合のまとめ

◎**化学結合** … **イオン結合，共有結合，金属結合**の総称。

原子やイオンどうしがどのような結びつき方をするかは，原子が金属か非金属かに着目して考えます。

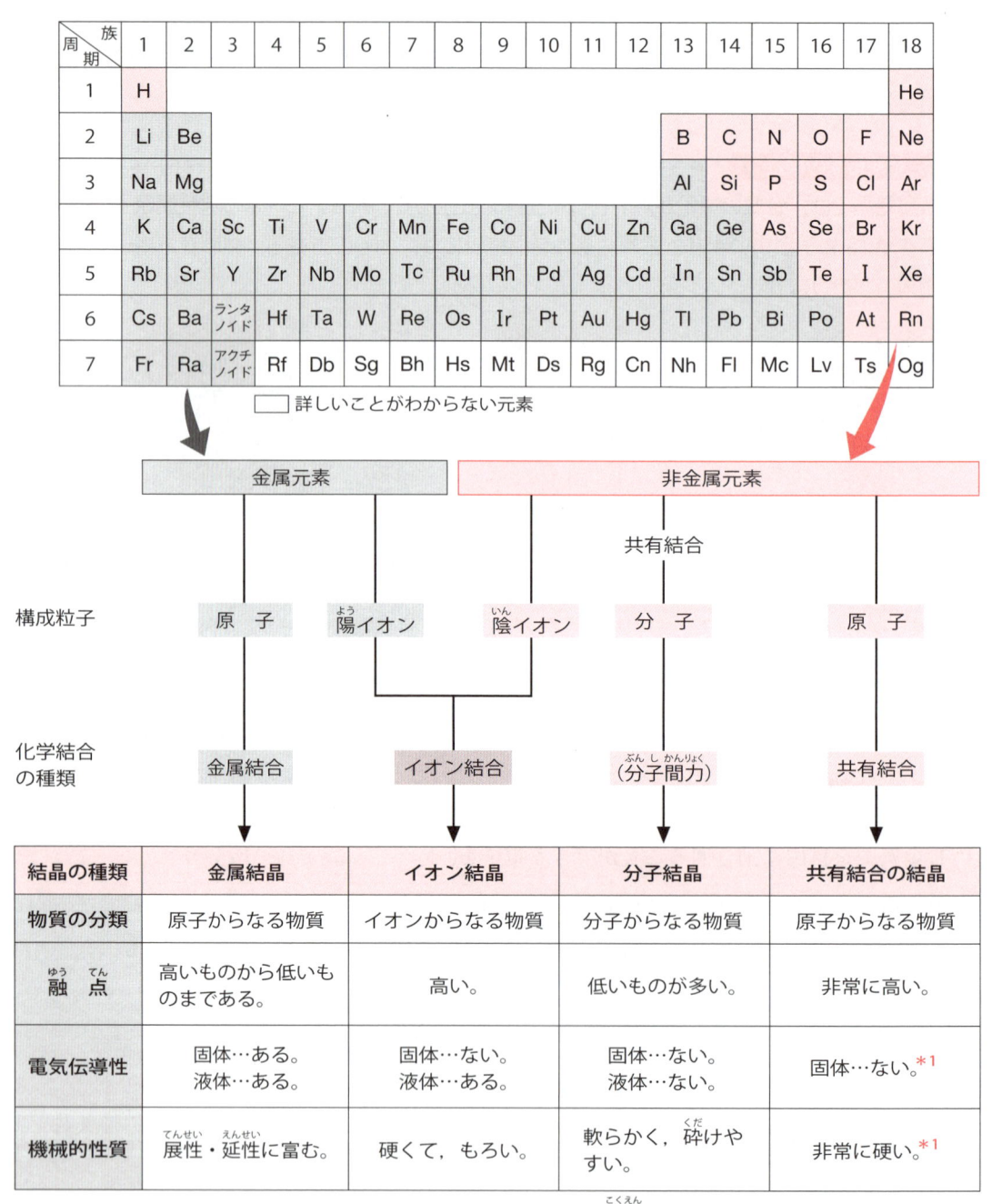

族周期	1	2	3	4	5	6	7	8	9	10	11	12	13	14	15	16	17	18
1	H																	He
2	Li	Be											B	C	N	O	F	Ne
3	Na	Mg											Al	Si	P	S	Cl	Ar
4	K	Ca	Sc	Ti	V	Cr	Mn	Fe	Co	Ni	Cu	Zn	Ga	Ge	As	Se	Br	Kr
5	Rb	Sr	Y	Zr	Nb	Mo	Tc	Ru	Rh	Pd	Ag	Cd	In	Sn	Sb	Te	I	Xe
6	Cs	Ba	ランタノイド	Hf	Ta	W	Re	Os	Ir	Pt	Au	Hg	Tl	Pb	Bi	Po	At	Rn
7	Fr	Ra	アクチノイド	Rf	Db	Sg	Bh	Hs	Mt	Ds	Rg	Cn	Nh	Fl	Mc	Lv	Ts	Og

☐ 詳しいことがわからない元素

金属元素 → 構成粒子：原子／陽イオン
非金属元素 → 共有結合 → 陰イオン／分子／原子

化学結合の種類：金属結合／イオン結合／（分子間力）／共有結合

結晶の種類	金属結晶	イオン結晶	分子結晶	共有結合の結晶
物質の分類	原子からなる物質	イオンからなる物質	分子からなる物質	原子からなる物質
融点	高いものから低いものまである。	高い。	低いものが多い。	非常に高い。
電気伝導性	固体…ある。液体…ある。	固体…ない。液体…ある。	固体…ない。液体…ない。	固体…ない。[*1]
機械的性質	展性・延性に富む。	硬くて，もろい。	軟らかく，砕けやすい。	非常に硬い。[*1]

[*1] 黒鉛は例外で，電気伝導性があり，軟らかい。

チェック問題の答え (1) 金属結晶，イオン結晶，分子結晶 (2) 共有結合の結晶

金属結晶をつくる物質

常温では，水銀 Hg だけが液体で，ほかはすべて固体です。

鉄 Fe　　アルミニウム Al 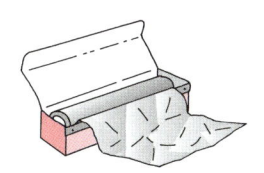　　銅 Cu 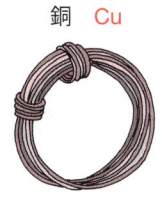　　水銀 Hg

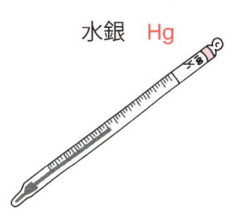

イオン結晶をつくる物質

常温では，すべて固体です。

塩化ナトリウム NaCl（食塩）
水酸化ナトリウム NaOH（パイプクリーナー）
塩化カルシウム $CaCl_2$（乾燥剤）
炭酸カルシウム $CaCO_3$（チョーク）

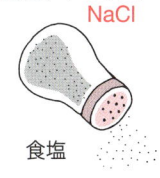

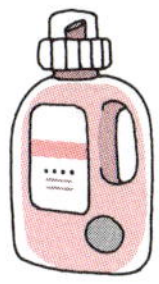

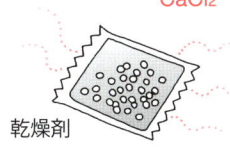

分子結晶をつくる物質

常温では，気体や液体のものが多いです。

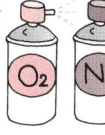

水素, 酸素, 窒素　H_2　O_2　N_2
水　H_2O 
酢酸　CH_3COOH 
スクロース　$C_{12}H_{22}O_{11}$

共有結合の結晶をつくる物質

ダイヤモンド C　　黒鉛 C 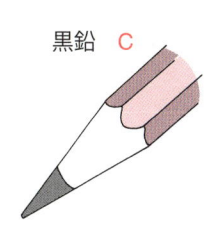　　ケイ素 Si（半導体）　　二酸化ケイ素 SiO_2（水晶）

チェック問題

(1) 金属原子だけからなる結晶を（　　　　　　　　），イオンからなる結晶を（　　　　　　　　），分子からなる結晶を（　　　　　　　　）という。

(2) 共有結合だけからなる結晶を（　　　　　　　　）という。

第 2 章　化学結合

第2章の確認テスト

合格点：60点　　　　　　点

解答→別冊 p.5〜7

1 イオン結合　←わからなければ 17 へ　　（各1点 計5点）

次の文章中の(①)〜(⑤)にあてはまる語句や記号を答えよ。

ナトリウム原子は(①)殻にある価電子を1個放出してナトリウムイオンになり，(②)原子と同じ安定な電子配置となる。また，塩素原子は(③)殻に1個の電子を受けとって塩化物イオンになり，(④)原子と同じ安定な電子配置となる。ナトリウムイオンと塩化物イオンは互いに引き合って，(⑤)とよばれる結合を形成する。

① _____　② _____　③ _____　④ _____

⑤ _____

2 組成式　←わからなければ 18 へ　　（各1点 計8点）

次の表中の①〜⑧にあてはまる組成式を入れよ。

	Cl^-	SO_4^{2-}	PO_4^{3-}
Na^+	（例） NaCl	①	②
Ca^{2+}	③	④	⑤
Al^{3+}	⑥	⑦	⑧

3 共有結合と分子の形成　←わからなければ 20, 21, 24 へ　　（各2点 計14点）

次の文章中の(①)〜(⑦)にあてはまる語句や数を答えよ。

水素原子は1個の状態だと不安定で，2個の原子が互いに価電子を(①)個ずつ出し合って共有することで結合し，水素分子となる。このような結合を(②)という。同様に，酸素原子は2個の原子が互いに価電子を(③)個ずつ出し合って(②)を形成し，酸素分子となる。酸素分子中の酸素原子は，それぞれ希ガスの(④)原子と同じ電子配置となり，安定している。また，2個の酸素原子の間で共有されている電子対を(⑤)といい，共有されていない電子対を(⑥)という。

アンモニア分子と水素イオンが結合するときは，アンモニア分子の窒素原子がもっていた(⑥)を水素イオンに提供して，新しい結合を形成する。このような結合を，特に(⑦)という。

① _____　② _____　③ _____　④ _____

⑤ _____　⑥ _____　⑦ _____

4 分子の構造 ◀わからなければ 21〜23, 25 へ

((1)各2点, (2)各1点, (3)2点 計27点)

次の表の分子について，あとの問いに答えよ。

	フッ化水素 HF	メタン CH$_4$	アンモニア NH$_3$	水 H$_2$O	二酸化炭素 CO$_2$
構造式	①	③	⑤	⑦	⑨
電子式	②	④	⑥	⑧	⑩

(1) 表中の①〜⑩にあてはまる構造式や電子式を入れよ。

(2) 各分子の形を，次の語群からそれぞれ選べ。

【語群】直線形，折れ線形，正三角形，正方形，三角錐形，正四面体形

フッ化水素 _____　　メタン _____

アンモニア _____　　水 _____

二酸化炭素 _____

(3) 表中の物質から，極性分子をすべて選べ。 _____

5 共有結合の結晶 ◀わからなければ 27 へ

(各2点 計20点)

次の文章中の(①)〜(⑩)にあてはまる語句や数を，あとの語群から選べ。

　ダイヤモンドと黒鉛は炭素の(①)であるが，電気伝導性が大きく異なる。ダイヤモンドの場合，炭素原子の価電子が(②)個とも共有結合に使われ，(③)を基本単位とする(④)構造を形成している。そのため，結晶中には自由に動き回れる電子がなく，ダイヤモンドは電気を(⑤)。

　一方，黒鉛の場合は，炭素原子の価電子のうち(⑥)個が共有結合に使われ，(⑦)を基本単位とする(⑧)構造を形成している。そのため，残りの(⑨)個の価電子が自由に動くことができ，黒鉛は電気を(⑩)。

【語群】1，2，3，4，5，6，7，8，同位体，同素体，通す，通さない，平面層状，立体網目状，正三角形，正五角形，正六角形，三角錐，正四面体

① _____　② _____　③ _____　④ _____
⑤ _____　⑥ _____　⑦ _____　⑧ _____
⑨ _____　⑩ _____

6 金属結晶　←わからなければ28へ　((1)各1点, (2)2点　計8点)

次の文章を読み，あとの問いに答えよ。

　金属原子が集合すると，各原子から放出された価電子は金属内を自由に動き回るようになる。このような電子を（ ① ）といい，（ ① ）を仲立ちとした金属原子の結合を（ ② ）という。また，（ ② ）によってできた結晶を（ ③ ）という。

　金属の単体は（ ④ ）とよばれる特有のかがやきをもち，電気を通しやすく，熱を伝えやすい。また，細長い線にできる（ ⑤ ）という性質や，うすい箔にできる（ ⑥ ）という性質をもつ。これらは，いずれも（ ① ）による性質である。

(1) 文章中の（ ① ）〜（ ⑥ ）にあてはまる語句を答えよ。

①_____　②_____　③_____

④_____　⑤_____　⑥_____

(2) 単体が常温で液体となる金属を，化学式で答えよ。　_____

7 結晶のまとめ　←わからなければ29へ　（各1点　計18点）

次の表中の①〜⑱にあてはまる語句を，あとの語群から選べ。

結晶の種類	イオン結晶	共有結合の結晶	分子結晶	金属結晶
結合の種類	①	②	分子間力	③
構成粒子	④	⑤	⑥	⑦
融点	⑧	非常に高い	⑨	さまざま
硬さ	⑩	非常に硬い	⑪	さまざま
電気伝導性	固体…なし 液体…あり	⑫	⑬	⑭
物質の例	⑮	⑯	⑰	⑱

【語群】配位結合，金属結合，共有結合，イオン結合，原子，分子，イオン，高い，低い，硬い，軟らかい，あり，なし，アルミニウム，塩化ナトリウム，ケイ素，二酸化炭素

電子レンジで食品が温められるしくみ

　電子レンジは，**マイクロ波**（携帯電話の通信にも使われている，比較的波長が短い電波）を用いて，水分を含んだ食べものや飲みものを加熱する器具です。現在の日本ではほとんどの家庭に普及している，おなじみの電化製品ですね。

　電子レンジで発生させるマイクロ波は，周波数（振動数）が2450MHzで，1秒間に24億5000万回も＋と－の電気的状態が変化します。食品に含まれる水 H_2O は極性分子なので，マイクロ波の電気的状態の変化によって激しく振動・回転させられ，温度が上がります。このような水分子の振動や回転は，食品の表面だけではなく，内部でも起こるため，水分を多く含む食品を内部から効率よく温めることができるのです。

　しかし，四塩化炭素 CCl_4 などの無極性分子は，マイクロ波の電気的状態が変化してもほとんど振動・回転しないので，うまく温めることができません。

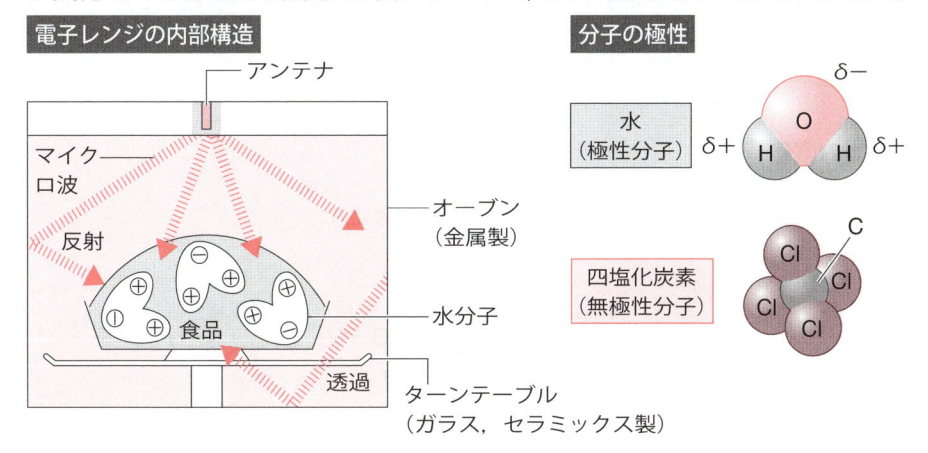

電子レンジの内部構造

アンテナ
マイクロ波
反射
食品
オーブン（金属製）
水分子
透過
ターンテーブル（ガラス，セラミックス製）

分子の極性

水（極性分子）　$\delta+$ H　O $\delta-$　H $\delta+$

四塩化炭素（無極性分子）　C，Cl

　なお，マイクロ波は，空気やガラス，陶磁器などはよく透過しますが，金属には反射されるという特徴をもっています。そのため，電子レンジで食品を加熱するときは，金属容器や，金属箔や金属粉で装飾されている容器を使うことができません。

第2章　化学結合

30 原子量・分子量・式量

◎**原子の相対質量** … ^{12}C 原子1個の質量を12（基準）として，各原子の質量を相対的に表した数値。相対値なので，単位はない。

原子1個の質量はきわめて小さく，そのままの値で扱うのは不便です。そこで，質量数が12の炭素原子 ^{12}C の質量を12と決め，これを基準としてほかの原子の質量を相対的に表します。これを**原子の相対質量**といいます。

原子の質量は質量数で決まる（→ 11）ので，各原子の相対質量は，質量数とほぼ等しくなります。

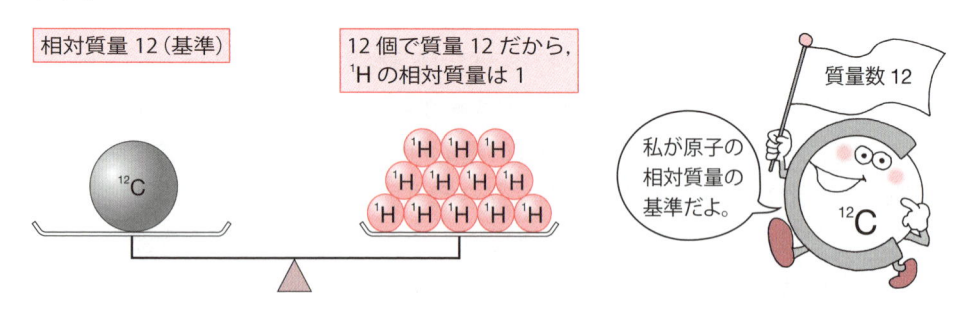

◎**元素の原子量** … 各同位体（→ 12）の相対質量に存在比をかけて求めた平均値。相対値なので，単位はない。

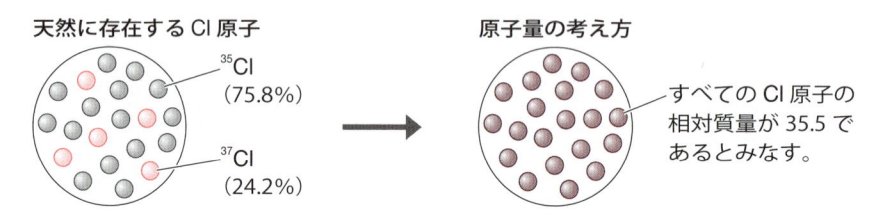

例 塩素 Cl の原子量

^{35}Cl（相対質量 35.0）と ^{37}Cl（相対質量 37.0）の2種類の同位体が存在するから，

$$\text{塩素の原子量} = 35.0 \times \frac{75.8}{100} + 37.0 \times \frac{24.2}{100} ≒ 35.5$$

元素の原子量（概数値） 本書では，今後の化学計算にはこの概数値を用いる。

元素	H	C	N	O	Na	Mg	Al	S	Cl	K	Ca	Fe	Cu
原子量	1.0	12	14	16	23	24	27	32	35.5	39	40	56	63.5

チェック問題の答え　(1)相対質量　(2)原子量　(3)分子量　(4)式量　(5) 44, 60

◎**分子量** … $^{12}C=12$ を基準として求めた分子の相対質量。相対値なので、単位はない。分子式を構成する原子の原子量の総和で求める。

例　アンモニア NH_3 の分子量＝（Nの原子量）×1＋（Hの原子量）×3
　　　　　　　　　　　　＝14×1＋1.0×3＝17

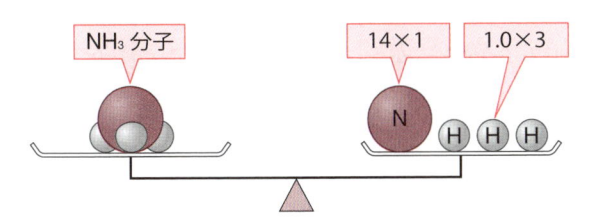

NH_3 分子　　14×1　　1.0×3

◎**式量** … $^{12}C=12$ を基準として求めた、分子をつくらない物質の相対質量。相対値なので、単位はない。組成式・イオン式を構成する原子の原子量の総和で求める。

例　塩化ナトリウム NaCl の式量＝（Naの原子量）×1＋（Clの原子量）×1
　　　　　　　　　　　　　　　＝23×1＋35.5×1＝58.5

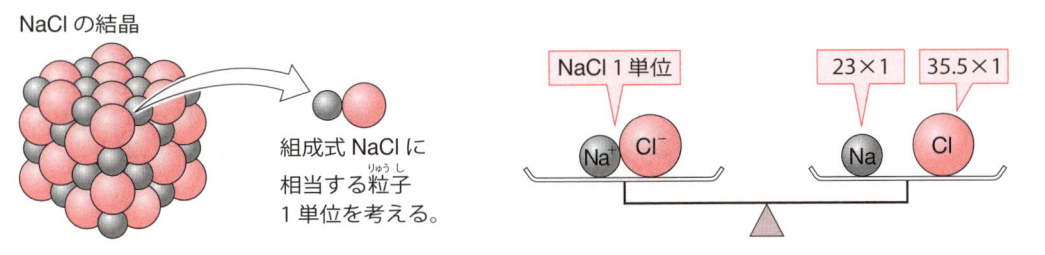

NaCl の結晶

組成式 NaCl に相当する粒子1単位を考える。

NaCl 1単位　　23×1　　35.5×1

第3章　物質量と化学反応式

チェック問題

(1) $^{12}C=12$ を基準として求めた各原子の質量を、原子の（　　　　　）という。

(2) 各同位体の相対質量に存在比をかけて求めた平均値を、元素の（　　　　　）という。

(3) 分子式を構成する原子の原子量の総和で求めた値を（　　　　　）という。

(4) 組成式やイオン式を構成する原子の原子量の総和で求めた値を（　　　　　）という。

(5) 二酸化炭素 CO_2 の分子量は（　　　）、炭酸イオン CO_3^{2-} の式量は（　　　）である。

31 物質量① アボガドロ数

◎**アボガドロ数**…¹²C 原子だけからなる物質 12 g 中に含まれる ¹²C 原子の数。$6.0×10^{23}$ で一定。

化学変化では，物質を構成する粒子の組み合わせが変化するので，粒子の個数に着目して物質の量を表すと便利です。¹²C 原子だけからなる物質 12 g 中に含まれる ¹²C 原子の数は，

$$\frac{12 \text{ g}}{1.99×10^{-23} \text{ g}} ≒ 6.0×10^{23}$$ ← アボガドロ数

↑ ¹²C 原子 1 個の質量

◎**物質量**…アボガドロ数個の同一粒子の集団を **1 モル**（単位：mol）とし，粒子の数に基づいて表した物質の量。

鉛筆や野球のボールなどは，12 個を 1 つのまとまりとして新しい単位で表し，1 ダースとします。これと同様に，化学で物質を扱うときは，アボガドロ数（$6.0×10^{23}$）個を 1 つのまとまりとして新しい単位で表し，1 モルとします。

鉛筆 1 ダース（12 本）

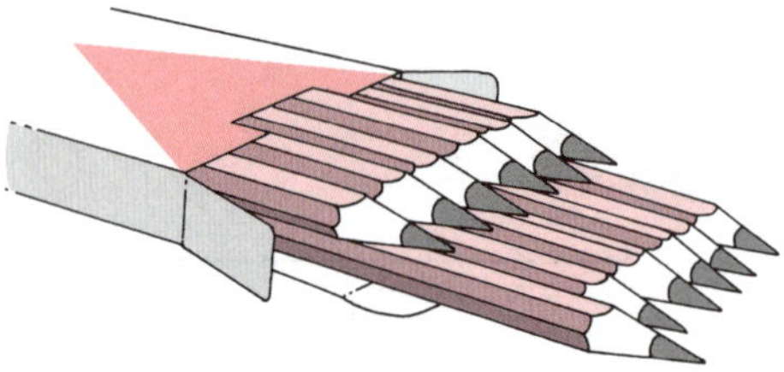

物質 1 mol
（$6.0×10^{23}$ 個）

モルの語源は，ラテン語で「ひと山の，ひと盛りの」を意味する moles だよ。

同じ量の物質でも，着目する粒子が異なると物質量も変わります。どの粒子に着目するのかを明らかにしましょう。

水素分子 ●● が
$6.0×10^{23}$ 個あるとき，

水分子 ● が
$6.0×10^{23}$ 個あるとき，

粒子の種類が明らかな場合（特に分子の場合）は，水素 1 mol のように，粒子の種類を省略することが多いよ。

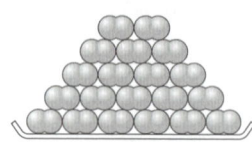

- 水素分子 ●● に着目すると，
  $6.0×10^{23}$ 個あるので，1 mol

- 水素原子 ● に着目すると，
  $6.0×10^{23}×2$ 個あるので，2 mol

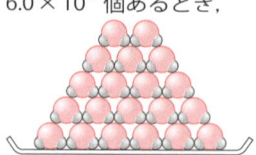

- 水分子 ● に着目すると，
  $6.0×10^{23}$ 個あるので，1 mol

- 酸素原子 ● に着目すると，
  $6.0×10^{23}$ 個あるので，1 mol

- 水素原子 ● に着目すると，
  $6.0×10^{23}×2$ 個あるので，2 mol

---

72 **チェック問題の答え** (1) アボガドロ数　(2) 1　(3) 物質量　(4) アボガドロ定数　(5) 分子量，式量

◎アボガドロ定数 … 粒子の数と物質量の変換（個⇔mol）に用いる定数。

アボガドロ定数 $N_A = 6.0 \times 10^{23}$ /mol

アボガドロ数 6.0×10^{23} に単位〔/mol〕をつけたもの。

原子量・分子量・式量と物質量の関係

^{12}C 原子をアボガドロ数個集めると，12 g になります。また，分子量 18 の水分子 H₂O をアボガドロ数個集めると，18 g になります。このように，同一粒子をアボガドロ数個（1 mol）集めたときの質量は，その粒子の原子量や分子量，式量に単位 g をつけたものになります。

どれも ^{12}C = 12 を基準とした相対質量なので，同数倍しても比の値は変わらないよ。

① ^{12}C 原子（原子量 12）を 6.0×10^{23} 個集めると，その質量は 12 g になる。←定義！
② H₂O 分子（分子量 18）を 6.0×10^{23} 個集めると，その質量は 18 g になる。
③ NaCl 粒子（式量 58.5）を 6.0×10^{23} 個集めると，その質量は 58.5 g になる。

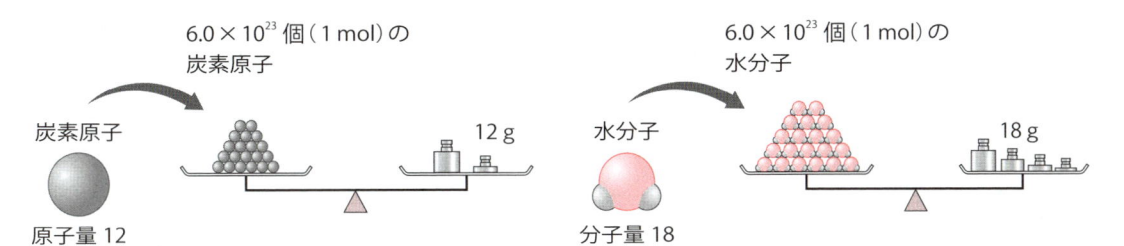

6.0×10^{23} 個（1 mol）の炭素原子　12 g
炭素原子　原子量 12

6.0×10^{23} 個（1 mol）の水分子　18 g
水分子　分子量 18

第3章　物質量と化学反応式

チェック問題

(1) ^{12}C 原子だけからなる物質 12 g 中に含まれる ^{12}C 原子の数を（　　　　　　　　）という。

(2) アボガドロ数個の同一粒子の集団は（　　　）モルである。

(3) 粒子の数に基づいて表した物質の量を（　　　　　　）という。

(4) 粒子の数と物質量の変換（個⇔mol）に用いる定数 6.0×10^{23} /mol を（　　　　　　　　）という。

(5) 同一の原子，分子，イオンを 1 mol 集めたときの質量は，それぞれの粒子の原子量，（　　　　　），（　　　　　　）に単位 g をつけたものになる。

73

32 物質量② モル質量，モル体積

◎**モル質量** … 物質 1 mol あたりの質量。単位は **g/mol**。物質の質量と物質量の変換（g⇔mol）に用いる。

31で学習したように，同一粒子をアボガドロ数個（1 mol）集めたときの質量は，その粒子の原子量や分子量，式量に単位 g をつけたものになります。したがって，モル質量は原子量，分子量，式量に単位 g/mol をつけたものになります。

モル質量と原子量・分子量・式量の関係

① 原子からなる物質……モル質量は原子量に単位 g/mol をつけたもの。
② 分子からなる物質……モル質量は分子量に単位 g/mol をつけたもの。
③ イオンからなる物質…モル質量は式量に単位 g/mol をつけたもの。

原子量・分子量・式量とモル質量の関係

	炭素原子 C	水分子 H_2O	アルミニウム Al	塩化ナトリウム NaCl
粒子のようす	C	O-H	Al	Na^+ と Cl^-
原子量・分子量・式量	12（原子量）	$1.0 \times 2 + 16 = 18$（分子量）	27（原子量）	$23 + 35.5 = 58.5$（式量）
1 mol の粒子の数と質量	6.0×10^{23} 個 / 12 g	6.0×10^{23} 個 / 18 g	6.0×10^{23} 個 / 27 g	それぞれ 6.0×10^{23} 個 / 58.5 g
モル質量	12 g/mol	18 g/mol	27 g/mol	58.5 g/mol

チェック問題の答え　(1) モル質量　(2) アボガドロの法則　(3) 標準状態　(4) モル体積, 22.4

◎**アボガドロの法則** … 同温・同圧で同体積の気体の中には，気体の種類によらず，同数の分子が含まれる。

◎**モル体積** … 気体 1 mol あたりの体積。単位は **L/mol**。気体の体積と物質量の変換(L⇔mol)に用いる。**標準状態**では **22.4 L/mol** である。

　アボガドロの法則を逆の視点から見ると，同温・同圧で同数の分子を含む気体は，気体の種類によらず同体積を占めるということができます。

　気体は，温度や圧力が変わると，体積が大きく変化します。したがって，体積を比較するときは，温度と圧力を揃えておく必要があります。化学では温度 0 ℃，圧力 1.0×10⁵ Pa の条件に揃えるのが一般的で，この状態を**標準状態**といいます。標準状態での気体のモル体積は，どの気体でも 22.4 L/mol です。

気体 1 mol の量的関係

気体の種類	水素 H_2	メタン CH_4	酸素 O_2	二酸化炭素 CO_2
分子量	2.0	16	32	44
分子の数	$6.0×10^{23}$ 個	$6.0×10^{23}$ 個	$6.0×10^{23}$ 個	$6.0×10^{23}$ 個
質　量	2.0 g	16 g	32 g	44 g
体積(標準状態)	22.4 L	22.4 L	22.4 L	22.4 L

第 3 章　物質量と化学反応式

チェック問題

(1) 物質 1 mol あたりの質量を(　　　　　)という。

(2) 同温・同圧で同体積の気体の中には，気体の種類によらず，同数の分子が含まれることを(　　　　　)という。

(3) 気体の体積を考えるときの基準となる 0 ℃，1.0×10⁵ Pa の状態を(　　　　　)という。

(4) 気体 1 mol あたりの体積を(　　　　　)といい，標準状態では(　　　　　)L/mol である。

33 物質量③ 物質量の計算

物質量と粒子の数・質量・気体の体積の関係

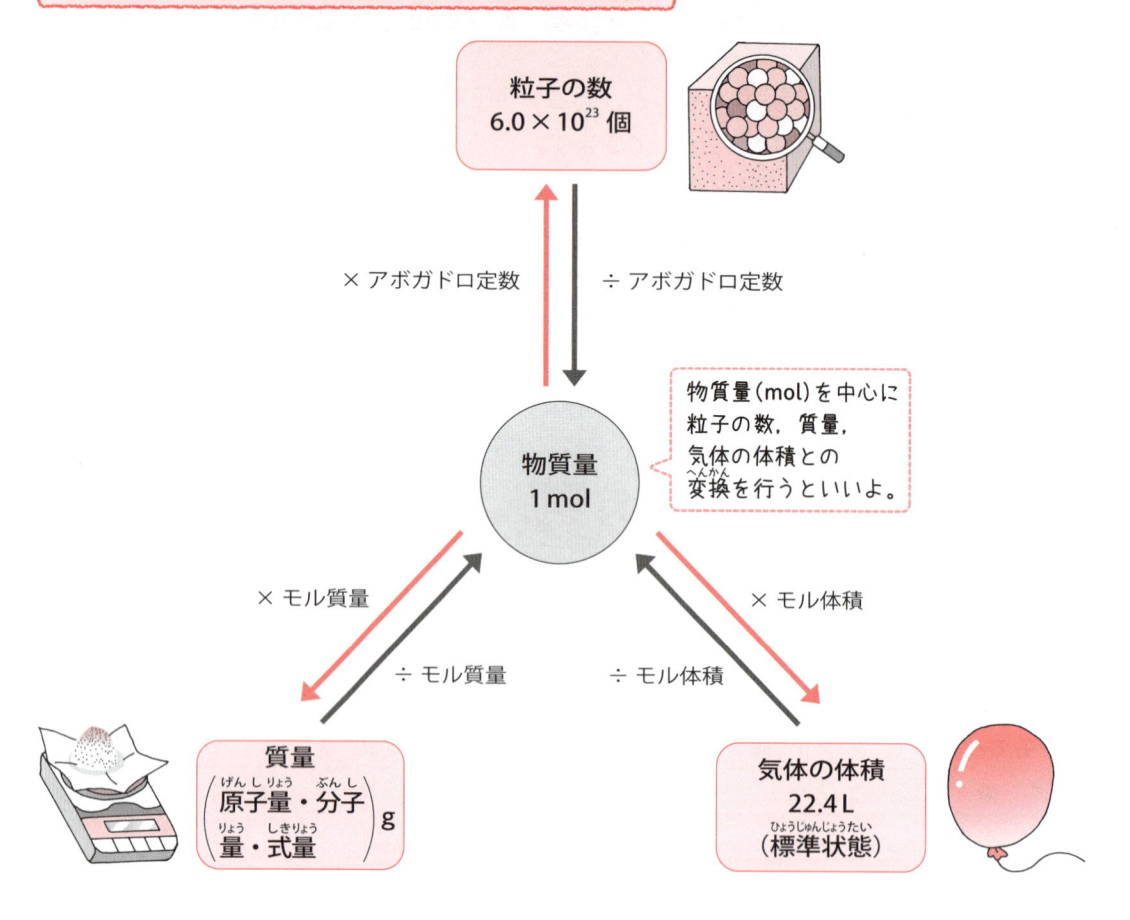

粒子の数
6.0×10^{23} 個

× アボガドロ定数 ↕ ÷ アボガドロ定数

物質量
1 mol

物質量（mol）を中心に粒子の数，質量，気体の体積との変換を行うといいよ。

× モル質量 ↕ ÷ モル質量　　× モル体積 ↕ ÷ モル体積

質量
（原子量・分子量・式量）g

気体の体積
22.4 L
（標準状態）

粒子の数・質量・気体の体積 ⇒ 物質量の変換

上の図からわかるように，アボガドロ定数〔/mol〕，モル質量〔g/mol〕，モル体積〔L/mol〕で割ります。

$$\text{物質量〔mol〕} = \frac{\text{粒子の数}}{6.0 \times 10^{23} \text{ /mol}} = \frac{\text{質量〔g〕}}{\text{モル質量〔g/mol〕}} = \frac{\text{気体の体積〔L〕}}{22.4 \text{ L/mol}}$$

例1 水 H_2O 分子 3.0×10^{23} 個の物質量

粒子の数⇒物質量の変換なので，アボガドロ定数 6.0×10^{23} /mol を用いる。

$$\frac{3.0 \times 10^{23}}{6.0 \times 10^{23} \text{ /mol}} = 0.50 \text{ mol}$$

チェック問題の答え　(1) アボガドロ定数　(2) モル質量　(3) モル体積

例2 酸素分子 O_2 8.0 g の物質量

質量⇒物質量 の変換なので、モル質量を用いる。

酸素の分子量 $O_2=32$ より、モル質量は 32 g/mol であるから、

$$\frac{8.0 \text{ g}}{32 \text{ g/mol}} = 0.25 \text{ mol}$$

例3 アンモニア NH_3 56 L (標準状態) の物質量

気体の体積⇒物質量 の変換なので、モル体積 (標準状態) 22.4 L/mol を用いる。

$$\frac{56 \text{ L}}{22.4 \text{ L/mol}} = 2.5 \text{ mol}$$

物質量⇒粒子の数・質量・気体の体積の変換

p.76 の図からわかるように、アボガドロ定数 [/mol]、モル質量 [g/mol]、モル体積 [L/mol] を掛けます。

> 粒子の数 = 6.0×10^{23} /mol × 物質量 [mol]
>
> 質量 [g] = モル質量 [g/mol] × 物質量 [mol]
>
> 気体の体積 [L] = 22.4 L/mol × 物質量 [mol]

例1 二酸化炭素 CO_2 0.20 mol に含まれる二酸化炭素分子の数

物質量⇒粒子の数 の変換なので、アボガドロ定数 6.0×10^{23} /mol を用いる。

6.0×10^{23} /mol × 0.20 mol = 1.2×10^{23} (個)

例2 水酸化ナトリウム NaOH 0.30 mol の質量

物質量⇒質量 の変換なので、モル質量を用いる。

水酸化ナトリウムの式量 NaOH = 40 より、モル質量は 40 g/mol であるから、

40 g/mol × 0.30 mol = 12 g

例3 塩化水素 HCl 0.25 mol が占める体積 (標準状態)

物質量⇒気体の体積 の変換なので、モル体積 (標準状態) 22.4 L/mol を用いる。

22.4 L/mol × 0.25 mol = 5.6 L

チェック問題

(1) 物質量⇔粒子の数 の変換では、(　　　　　　　　　　) を用いる。

(2) 物質量⇔質量 の変換では、(　　　　　　　　　　) を用いる。

(3) 物質量⇔気体の体積 の変換では、(　　　　　　　　　　) を用いる。

第3章　物質量と化学反応式

34 気体の密度と分子量

◎**気体の密度** … 気体1Lあたりの質量。単位は **g/L**。

例1 標準状態での水素 H_2 の密度

水素1 mol の質量は，分子量 $H_2=2.0$ より，2.0 g である。

標準状態での気体の体積は 22.4 L だから，水素1 L あたりの質量，つまり密度は，

$$\frac{2.0 \text{ g}}{22.4 \text{ L}} \fallingdotseq 0.089 \text{ g/L}$$

例2 標準状態での酸素 O_2 の密度

酸素1 mol の質量は，分子量 $O_2=32$ より，32 g である。

標準状態での気体の体積は 22.4 L だから，酸素1 L あたりの質量，つまり密度は，

$$\frac{32 \text{ g}}{22.4 \text{ L}} \fallingdotseq 1.43 \text{ g/L}$$

気体の密度と分子量の関係

アボガドロの法則（→32）より，同温・同圧のとき，同体積の気体中には同数の分子が含まれます。したがって，気体1Lあたりの質量の比は，気体分子1個あたりの質量の比と等しく，さらには気体の分子量の比とも等しくなります。つまり，気体の密度は，その気体の**分子量**に比例します。

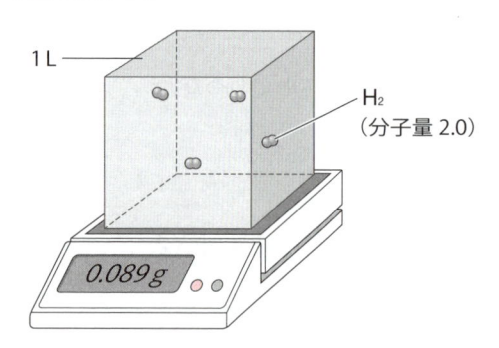

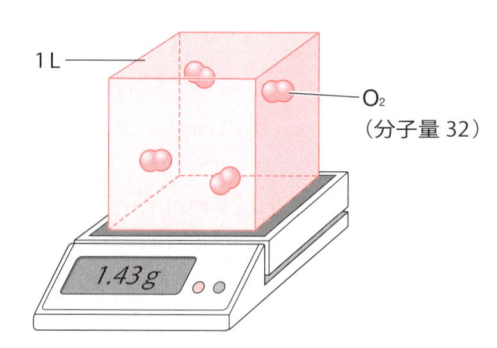

1 L / H_2（分子量 2.0） / 0.089 g

1 L / O_2（分子量 32） / 1.43 g

気体の密度から分子量を求める

気体の密度〔g/L〕は，気体1Lあたりの質量〔g〕を表します。したがって，標準状態での気体の密度に 22.4 L（標準状態での気体1 mol の体積）をかけると，この気体1 mol の質量〔g〕が求まります。この質量から単位〔g〕を除いたものが，分子量です。

チェック問題の答え　(1) 密度　(2) 分子量

問題 標準状態における密度が 1.25 g/L である気体の分子量を求めよ。

解説 この気体 22.4 L（= 1 mol）の質量は，
1.25 g/L × 22.4 L = 28.0 g
したがって，この気体の分子量は **28.0** である。……… 答

気体の密度の比較から分子量を求める

p.78 で説明したように，気体の密度は分子量に比例します。したがって，気体の密度を比較することによって，分子量を求めることができます。

問題 同温・同圧において，気体 X の密度は酸素 O_2 の密度の 2.22 倍であった。この気体の分子量を求めよ。（分子量：O_2 = 32）

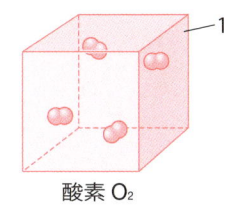

解説

酸素 O_2 : 気体 X = 分子量 32 : 分子量 M

気体 X の分子量を M とおく。酸素の分子量は 32 で，気体の密度の比は分子量の比と等しいから，

$1 : 2.22 = 32 : M$ $M ≒ $ **71.0** ……… 答
密度の比　分子量の比

チェック問題

(1) 気体 1 L あたりの質量〔g〕を気体の（　　　　）という。
(2) 気体の密度は，その気体の（　　　　）に比例する。

35 物質の溶解と溶解度

◎ **溶解**（ようかい）… 物質が液体に溶けること。生じた均一な液体を**溶液**（ようえき）という。
◎ **溶媒**（ようばい）… 水のように，ほかの物質を溶かす液体。
◎ **溶質**（ようしつ）… 塩化ナトリウムのように，溶媒に溶けた物質。*1

*1 溶質が液体や気体の場合もある。

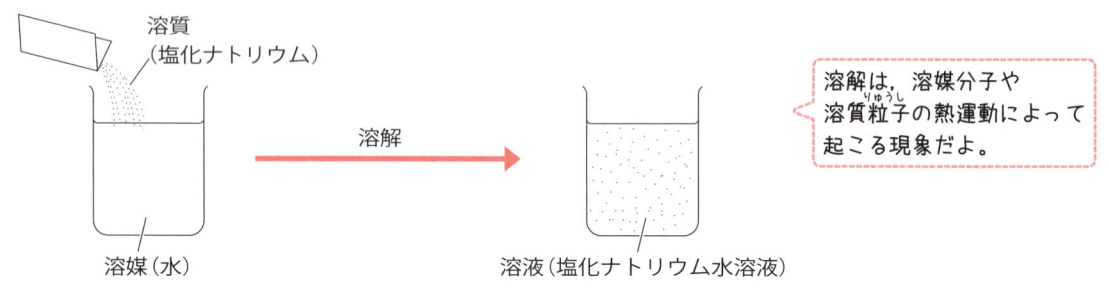

溶質（塩化ナトリウム） → 溶解 → 溶液（塩化ナトリウム水溶液）
溶媒（水）

> 溶解は，溶媒分子や溶質粒子の熱運動によって起こる現象だよ。

参考　イオン結晶が溶解するしくみ

イオン結晶を構成する陽イオンと陰イオンは，電荷の偏り（極性）をもつ水分子によってそれぞれとり囲まれます。水分子にとり囲まれたイオンは，水分子の熱運動によって全体に散らばっていき，やがて均一な溶液になります。

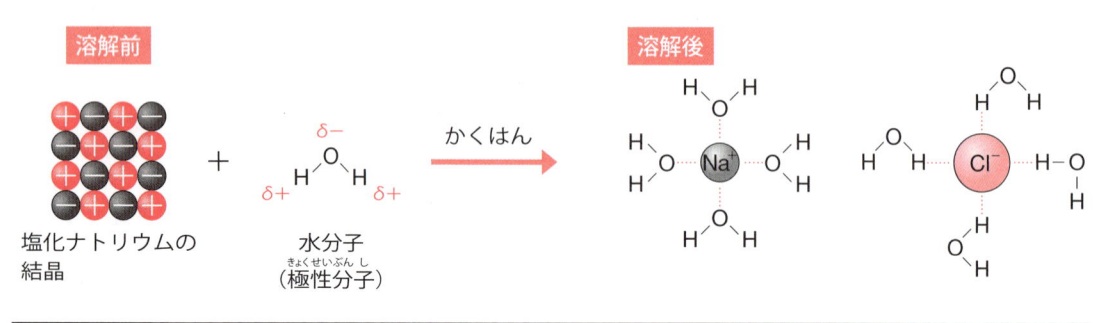

溶解前
塩化ナトリウムの結晶 ＋ 水分子（極性分子） → かくはん → **溶解後** Na⁺, Cl⁻ が水分子に囲まれる

物質の溶解性

① 極性があるものどうし，ないものどうしの組み合わせだと溶けやすい。
② 極性があるものとないものの組み合わせだと溶けにくい。

溶媒＼溶質	イオン結晶（塩化ナトリウムなど）	極性分子（グルコースなど）	無極性分子（ヨウ素など）
水（極性分子）	溶ける	溶ける	溶けない
ヘキサン（無極性分子）	溶けない	溶けない	溶ける

水＋ヨウ素：溶けない
ヘキサン＋ヨウ素：溶ける

80　**チェック問題の答え**　(1) 溶解，溶液　(2) 溶媒，溶質　(3) やすく，にくい　(4) 溶解度　(5) 飽和溶液

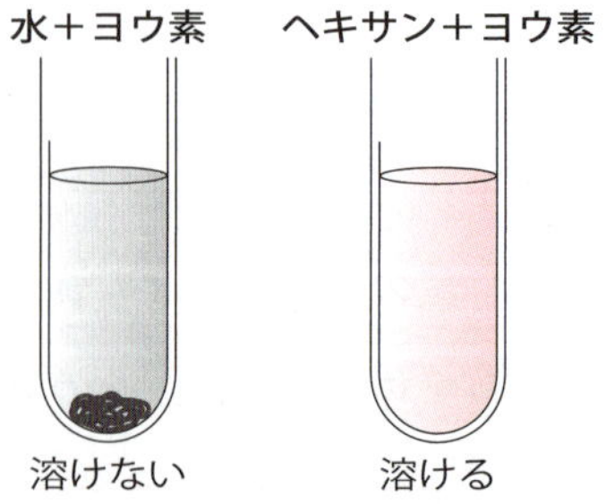

◎**溶解度** … 一定量の溶媒に溶ける溶質の限度量。
◎**飽和溶液** … 溶解度になるまで溶質を溶かした溶液。

固体の溶解度

固体の溶解度は，溶媒 100 g に溶けうる溶質の質量〔g〕の値で表します。

例　塩化ナトリウム NaCl は，20℃の水 100 g に最大で 36 g まで溶かすことができる。
　→ 20℃のとき，塩化ナトリウムの水への溶解度は 36 である。

◎**溶解度曲線** … 物質の溶解度と温度の関係を示した曲線。

溶解度曲線の読みとり

① 硝酸カリウムや硝酸ナトリウムなど，多くの固体物質は，温度が上がると溶解度がかなり大きくなる。

> ①のような物質の場合，高温の飽和溶液をつくって冷却すると，溶解度が小さくなり，結晶が析出する（再結晶，→**3**）。

② 塩化ナトリウムは，温度が上がっても溶解度がほとんど変化しない。

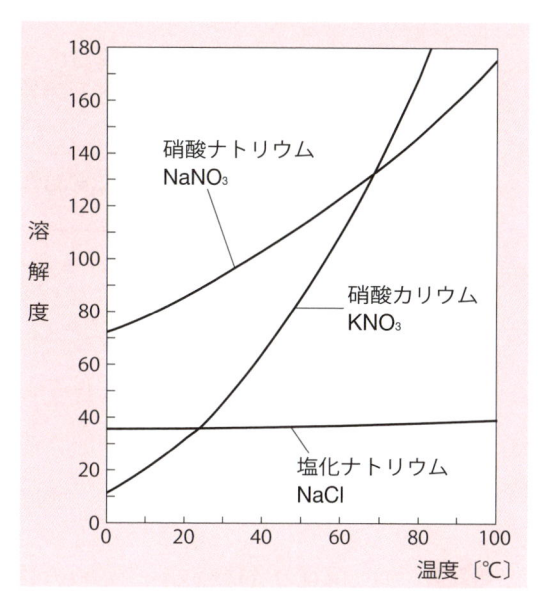

チェック問題

(1) 物質が液体に溶けることを（　　　）といい，生じた均一な液体を（　　　）という。

(2) 水のようにほかの物質を溶かす液体を（　　　）といい，塩化ナトリウムのように溶媒に溶けた物質を（　　　）という。

(3) 極性がある物質どうしやない物質どうしの組み合わせだと溶け（　　　），極性がある物質とない物質の組み合わせだと溶け（　　　）。

(4) 一定量の溶媒に溶ける溶質の限度量を（　　　）という。

(5) 溶解度になるまで溶質を溶かした溶液を（　　　）という。

36 溶液の濃度

◎**濃度** … 溶液中に含まれる溶質の割合を表した量。

溶液と溶質の量のとり方によって，いくつかの濃度の表し方があり，質量パーセント濃度やモル濃度がよく使われます。

◎**質量パーセント濃度** … 溶液に含まれる溶質の質量の割合をパーセントで表した濃度で，単位は **%**。

> 日常生活でよく使うよ。

$$質量パーセント濃度[\%] = \frac{溶質の質量[g]}{溶液の質量[g]} \times 100$$

$$= \frac{溶質の質量[g]}{溶質の質量[g] + 溶媒の質量[g]} \times 100$$

問題 次の(1)，(2)の溶液の質量パーセント濃度を求めよ。
(1) 水溶液 150 g 中に含まれる塩化ナトリウムが 25 g である水溶液
(2) 水 100 g に塩化ナトリウムを 15 g 溶かした水溶液

解説 (1) 溶質の質量が 25 g，溶液の質量が 150 g なので，

$$質量パーセント濃度[\%] = \frac{溶質の質量[g]}{溶液の質量[g]} \times 100$$

$$= \frac{25\ g}{150\ g} \times 100 ≒ \mathbf{17\ \%} \cdots\cdots\text{【答】}$$

(2) 溶質の質量が 15 g，溶媒の質量が 100 g なので，

$$質量パーセント濃度[\%] = \frac{溶質の質量[g]}{溶質の質量[g] + 溶媒の質量[g]} \times 100$$

$$= \frac{15\ g}{15\ g + 100\ g} \times 100 ≒ \mathbf{13\ \%} \cdots\cdots\text{【答】}$$

◎**モル濃度** … 溶液 1 L 中に何 mol の溶質が溶けているかを表した濃度で，単位は **mol/L**。

> 化学の計算でよく使うよ。

チェック問題の答え (1)質量パーセント濃度 (2)モル濃度

$$\text{モル濃度〔mol/L〕} = \frac{\text{溶質の物質量〔mol〕}}{\text{溶液の体積〔L〕}}$$

問題 グルコース $C_6H_{12}O_6$ 36 g を水に溶かして 500 mL とした溶液のモル濃度を求めよ。(分子量：$C_6H_{12}O_6$ = 180)

解説 溶質（グルコース）の物質量は，分子量 $C_6H_{12}O_6$ = 180 より，

$$\frac{36 \text{ g}}{180 \text{ g/mol}} = 0.20 \text{ mol}$$

溶液の体積は，500 mL = 0.500 L

したがって，

$$\text{モル濃度} = \frac{0.20 \text{ mol}}{0.500 \text{ L}} = \mathbf{0.40 \text{ mol/L}} \cdots\cdots \boxed{答}$$

溶液の調製

例 0.100 mol/L 塩化ナトリウム NaCl 水溶液のつくり方

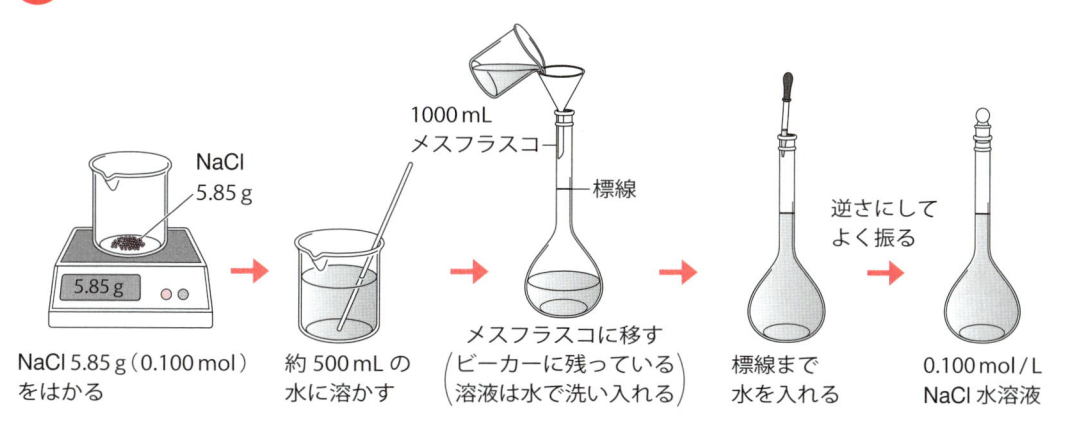

NaCl 5.85 g (0.100 mol) をはかる → 約 500 mL の水に溶かす → メスフラスコに移す（ビーカーに残っている溶液は水で洗い入れる）→ 標線まで水を入れる → 逆さにしてよく振る → 0.100 mol/L NaCl 水溶液

チェック問題

(1) 溶液に含まれる溶質の質量の割合をパーセントで表した濃度を（　　　　　　　　　　）という。

(2) 溶液 1 L 中に含まれる溶質の量を物質量で表した濃度を（　　　　　　）という。

第3章 物質量と化学反応式

37 化学反応式

◎**物理変化** … 物質の種類が変わらない変化。

例 物質の状態変化

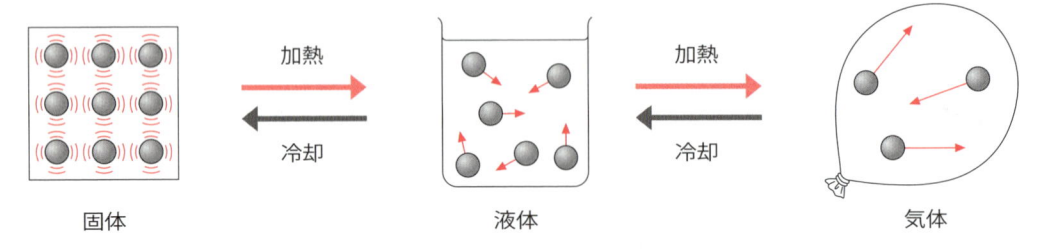

固体 ⇌(加熱/冷却) 液体 ⇌(加熱/冷却) 気体

◎**化学変化** … 物質の種類が変わる変化。**化学反応**ともいう。

例 水素と塩素が化合すると、塩化水素が生成する。

反応物（反応する物質）　　　生成物（生成する物質）
H H + Cl Cl ⟶ H Cl　H Cl

◎**化学反応式** … 化学変化を化学式[*1]を使って表した式。

*1 通常、分子は分子式で表し、それ以外は組成式で表す。

化学反応式の書き方

① 反応物の化学式を左辺、生成物の化学式を右辺に書き、両辺を ⟶ で結ぶ。
② 両辺で各原子の数が等しくなるように、化学式の前に**係数**をつける。
　係数は最も簡単な整数の比になるようにし、係数が1の場合は省略する。
③ 反応の前後で変化しない物質（溶媒の水や触媒[*2]）は、反応式中に書かない。

*2 自身は変化しないが、反応を促進するはたらきをもつ物質。

係数の決め方（目算法）

❶ 化学式が最も複雑そうな物質の係数を1とおく。
❷ 登場回数が少ない原子の数から順に合わせていく。
❸ 係数が分数になったときは、両辺を何倍かして分母を払う。また、係数が1になったときは省略する。

チェック問題の答え　(1)化学変化(化学反応)，物理変化　(2)化学反応式

例 メタン CH_4 が燃焼すると，二酸化炭素 CO_2 と水 H_2O が生成する。

①まず，各物質を化学式で表します。省略されている物質があるので注意します。

$$CH_4 + O_2 \longrightarrow CO_2 + H_2O$$

燃焼には必ず酸素 O_2 が必要

②係数を決めていきます。

❶ O 原子は登場回数が多いので，O 原子を含まない CH_4 の係数を1とおきます。

$$1CH_4 + O_2 \longrightarrow CO_2 + H_2O$$

❷ C 原子の数を合わせます。　　$1CH_4 + O_2 \longrightarrow 1CO_2 + H_2O$

　H 原子の数を合わせます。　　$1CH_4 + O_2 \longrightarrow 1CO_2 + 2H_2O$

　O 原子の数を合わせます。　　$1CH_4 + 2O_2 \longrightarrow 1CO_2 + 2H_2O$
　　　　　　　　　　　　　　　　　　　　2×2=4(個)　　1×2=2(個)　2×1=2(個)

❸ 係数の1を省略します。

$$CH_4 + 2O_2 \longrightarrow CO_2 + 2H_2O$$

問題 エタン C_2H_6 の燃焼を表す化学反応式を書け。

解説 ①まず，各物質を化学式で表します。省略されている物質は補います。

$$C_2H_6 + O_2 \longrightarrow CO_2 + H_2O$$

②係数を決めていきます。

❶ O 原子を含まない C_2H_6 の係数を1とおきます。

$$1C_2H_6 + O_2 \longrightarrow CO_2 + H_2O$$

❷ C 原子の数を合わせます。　　$1C_2H_6 + O_2 \longrightarrow 2CO_2 + H_2O$

　H 原子の数を合わせます。　　$1C_2H_6 + O_2 \longrightarrow 2CO_2 + 3H_2O$

　O 原子の数を合わせます。　　$1C_2H_6 + \dfrac{7}{2}O_2 \longrightarrow 2CO_2 + 3H_2O$

❸ 全体を2倍して，係数を整数にします。

$$2C_2H_6 + 7O_2 \longrightarrow 4CO_2 + 6H_2O \quad \cdots\cdots \boxed{答}$$

第3章 物質量と化学反応式

チェック問題

(1) 物質の種類が変わる変化を（　　　　　　　）といい，変わらない変化を（　　　　　　　）という。

(2) 化学変化を化学式を使って表した式を（　　　　　　　）という。

38 イオン反応式

◎**沈殿反応** … 水溶液中では，特定の陽イオン A^+ と陰イオン B^- が反応して，水に溶けにくい物質 AB（**沈殿**）が生じることがある。

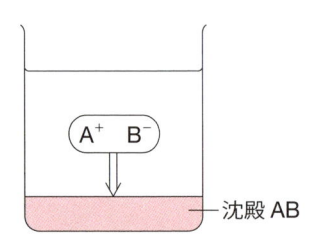

沈殿しやすい
イオンの組み合わせ

- Ag^+ と Cl^- → $AgCl$
- Pb^{2+} と Cl^- → $PbCl_2$
- Ca^{2+} と SO_4^{2-} → $CaSO_4$
- Ba^{2+} と SO_4^{2-} → $BaSO_4$

A^+ と B^- から水に溶けにくい物質 AB ができると，水溶液中には存在できず，沈殿してしまう。

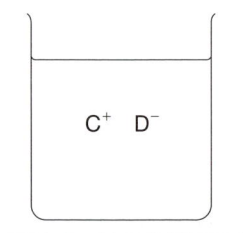

C^+ と D^- からできる物質 CD が水に溶けやすい場合，水溶液中にそのまま存在し，沈殿はできない。

◎**イオン反応式** … 反応に関係するイオンだけをイオン式を用いて表した化学反応式。

　イオン反応式では，両辺の各原子の数が等しいだけではなく，両辺の電荷の総和も等しくします。

例 銀イオン Ag^+ を含む水溶液中に銅 Cu を入れると，銀 Ag が析出し，銅（Ⅱ）イオン Cu^{2+} が生成する。

× Ag^+ + Cu ⟶ Ag + Cu^{2+} ←原子の数は合っているが，電荷が合っていない。
○ $2Ag^+$ + Cu ⟶ 2Ag + Cu^{2+} ←原子の数も電荷も合っている。

問題 次の反応を，イオン反応式と化学反応式で表せ。
(1) 硝酸銀 $AgNO_3$ 水溶液と塩化ナトリウム NaCl 水溶液を混合すると，塩化銀 AgCl の沈殿が生じる。
(2) 塩化バリウム $BaCl_2$ 水溶液と希硫酸 H_2SO_4 を混合すると，硫酸バリウム $BaSO_4$ の沈殿が生じる。

チェック問題の答え　(1)沈殿　(2)沈殿反応　(3)イオン反応式

解説 (1)

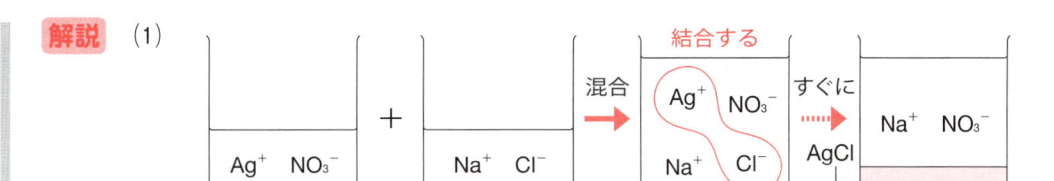

AgNO₃は，水溶液中ではAg⁺とNO₃⁻に完全に電離している。

NaClは，水溶液中ではNa⁺とCl⁻に完全に電離している。

Ag⁺, NO₃⁻, Na⁺, Cl⁻の4種類のイオンが一時的に共存する。

Ag⁺とCl⁻が結合してAgClとなって沈殿し，Na⁺とNO₃⁻はイオンのまま残る。

4種類のイオンのうち，実際に反応するAg⁺とCl⁻は反応式に残し，反応せずに水溶液中に残るNa⁺とNO₃⁻を省略すると，イオン反応式ができます。

$$Ag^+ + Cl^- \longrightarrow AgCl \quad \cdots\cdots \boxed{答}$$

このイオン反応式に反応に関係しなかったNa⁺とNO₃⁻を，両辺の電荷がどちらも0になるように加えると，化学反応式ができます。

$$AgNO_3 + NaCl \longrightarrow AgCl + NaNO_3 \quad \cdots\cdots \boxed{答}$$

(2)

BaCl₂は，水溶液中ではBa²⁺とCl⁻に完全に電離している。

H₂SO₄は，水溶液中ではH⁺とSO₄²⁻に完全に電離している。

Ba²⁺, Cl⁻, H⁺, SO₄²⁻の4種類のイオンが一時的に共存する。

Ba²⁺とSO₄²⁻が結合してBaSO₄となって沈殿し，H⁺とCl⁻はイオンのまま残る。

4種類のイオンのうち，実際に反応するBa²⁺とSO₄²⁻は反応式に残し，反応せずに水溶液中に残るH⁺とCl⁻を省略すると，イオン反応式ができます。

$$Ba^{2+} + SO_4^{2-} \longrightarrow BaSO_4 \quad \cdots\cdots \boxed{答}$$

このイオン反応式に反応に関係しなかったH⁺とCl⁻を，両辺の電荷がどちらも0になるように加えると，化学反応式ができます。

$$BaCl_2 + H_2SO_4 \longrightarrow BaSO_4 + 2HCl \quad \cdots\cdots \boxed{答}$$

チェック問題

(1) 水溶液中から生成した水に溶けにくい物質を（　　　　）という。

(2) 水溶液の反応で，沈殿を生じる反応を（　　　　　　）という。

(3) イオンが関係する反応において，反応に関係するイオンだけで表した化学反応式を（　　　　　　　　）という。

39 化学反応の量的関係①

◎**化学反応の量的関係** … 化学反応式の係数の比は，<u>反応物と生成物の量的関係</u>を表している。

物 質	メタン	+	酸素	→	二酸化炭素	+	水
化学反応式	CH_4	+	$2O_2$	→	CO_2	+	$2H_2O$
係 数	1		2		1		2
分子モデル							
分子の数	1個		2個		1個		2個
物質量	1 mol		2 mol		1 mol		2 mol
モル質量	16 g/mol		32 g/mol		44 g/mol		18 g/mol
質 量	1 mol×16 g/mol =16 g		2 mol×32 g/mol =64 g		1 mol×44 g/mol =44 g		2 mol×18 g/mol =36 g
気体の体積 (標準状態)	22.4 L		44.8 L		22.4 L		液体（水）

例 メタンの燃焼を表す化学反応式からわかること

① メタン 1 mol と酸素 2 mol から，二酸化炭素 1 mol と水 2 mol が生じる。
　→化学反応式の**係数の比**は，各物質の**物質量の比**に等しい。

② メタン 16 g と酸素 64 g から，二酸化炭素 44 g と水 36 g が生じる。
　→反応物の質量の和と生成物の質量の和は等しい（**質量保存の法則**）。

③ メタン 22.4 L と酸素 44.8 L から，二酸化炭素 22.4 L が生じる。
　→化学反応式の**係数の比**は，各気体の**体積の比**に等しい。
　→反応に関係する気体の体積の間には，簡単な整数の比が成り立つ（**気体反応の法則**）。

化学反応における量的計算の方法

① 化学反応式の係数の比から，物質量の比を読みとる。
② 与えられた物質の質量〔g〕や気体の体積〔L〕を，物質量〔mol〕に直す。
③ ①の物質量の比を用いて，目的の物質の物質量〔mol〕を求める。
④ ③で求めた物質量〔mol〕を，問われている質量〔g〕や気体の体積〔L〕に直す。

チェック問題の答え　(1)物質量，体積

例 化学反応式が A ⟶ 2B で表される反応の場合

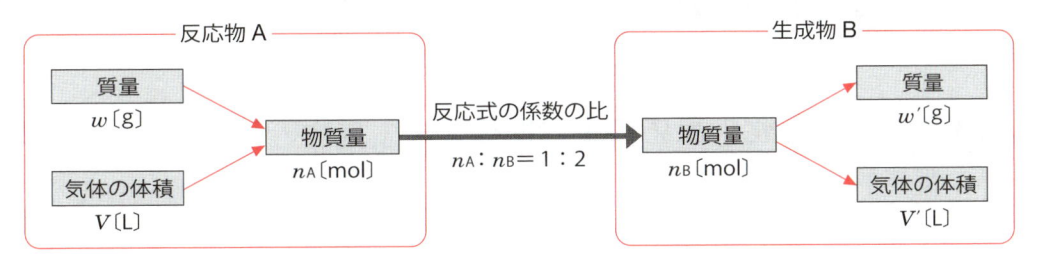

反応物 A
- 質量 w 〔g〕
- 気体の体積 V 〔L〕
- 物質量 n_A 〔mol〕

反応式の係数の比 $n_A : n_B = 1 : 2$

生成物 B
- 物質量 n_B 〔mol〕
- 質量 w' 〔g〕
- 気体の体積 V' 〔L〕

問題 メタン CH_4 3.2 g を完全燃焼させると生じる二酸化炭素 CO_2 の質量と体積(標準状態)を求めよ。また,生じる水 H_2O の質量を求めよ。
(原子量:H = 1.0, C = 12, O = 16)

解説 メタン CH_4 が完全燃焼するときの化学反応式は,次のようになる。

化学反応式	CH_4	+	$2O_2$	⟶	CO_2	+	$2H_2O$
物質量の比	1 mol		2 mol		1 mol		2 mol
モル質量	16 g/mol		32 g/mol		44 g/mol		18 g/mol

CH_4 3.2 g の物質量は,CH_4 のモル質量が 16 g/mol なので,

$$\frac{3.2 \text{ g}}{16 \text{ g/mol}} = 0.20 \text{ mol}$$

したがって,生じる CO_2 の物質量は,CH_4 の物質量と同じで 0.20 mol です。
生じる CO_2 の質量は,CO_2 のモル質量が 44 g/mol なので,

0.20 mol × 44 g/mol = **8.8 g** ……… 答

生じる CO_2 の標準状態における体積は,

0.20 mol × 22.4 L/mol = 4.48 L ≒ **4.5 L** ……… 答

また,生じる H_2O の物質量は,CH_4 の物質量の 2 倍で 0.40 mol です。
生じる H_2O の質量は,H_2O のモル質量が 18 g/mol なので,

0.40 mol × 18 g/mol = **7.2 g** ……… 答

チェック問題

(1) 化学反応式の係数の比は,反応に関係する物質の(　　　　　)の比と等しい。気体の反応の場合は,反応に関係する気体の(　　　　　)の比とも等しい。

第3章 物質量と化学反応式

40 化学反応の量的関係②

◎**過不足がある化学反応の量的関係** … 生成物の量は，**不足するほうの反応物の量**によって決まる。

2種類の物質が反応する場合，反応物が化学反応式の係数の比と同じ割合で与えられていれば，反応物はすべて反応します。

しかし，反応物の量に過不足がある場合，反応物の一方は反応できずに残ります。
- 反応物（多いほう）……一部が反応せずに残る。
- 反応物（少ないほう）…すべて反応する。

このとき，生成物の量は，不足するほう（少ないほう）の反応物の量によって決まります。したがって，化学反応式の係数の比と反応物の物質量を比較して，不足するほうの物質量を基準として，生成物の物質量を求めます。

例 化学反応式が A + B ⟶ C で表される反応の場合

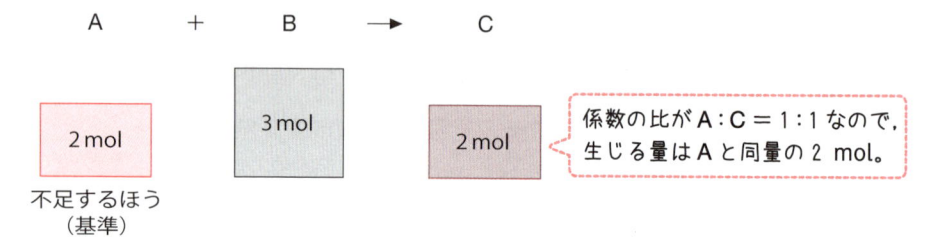

A	+	B	⟶	C
2 mol		3 mol		2 mol
不足するほう（基準）				

係数の比が A：C ＝ 1：1 なので，生じる量は A と同量の 2 mol。

例 化学反応式が A + 2B ⟶ C で表される反応の場合

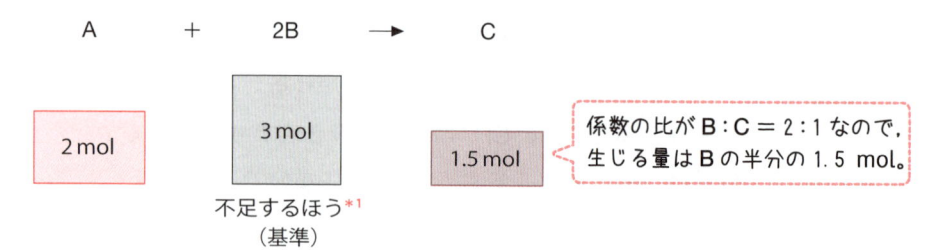

A	+	2B	⟶	C
2 mol		3 mol		1.5 mol
		不足するほう*1（基準）		

係数の比が B：C ＝ 2：1 なので，生じる量は B の半分の 1.5 mol。

*1　反応物 A 2 mol とちょうど反応するには，B は 4 mol 必要である。反応物 B は 3 mol しか与えられていないので，B のほうが不足する。

チェック問題の答え　(1) 不足

問題 下の図のように、ある量のマグネシウムに、1.0 mol/L の塩酸を 4 mL 加え、発生した水素を水上置換で捕集し、体積を測定した。塩酸の体積を 8 mL、12 mL、16 mL に変えて同様の実験を行い、加えた塩酸の体積と発生した水素の体積（標準状態）の関係をまとめたところ、下のグラフが得られた。反応させたマグネシウムの質量を求めよ。（原子量：Mg = 24）

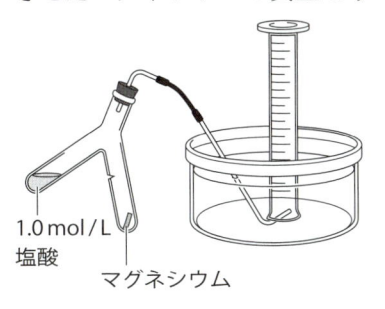

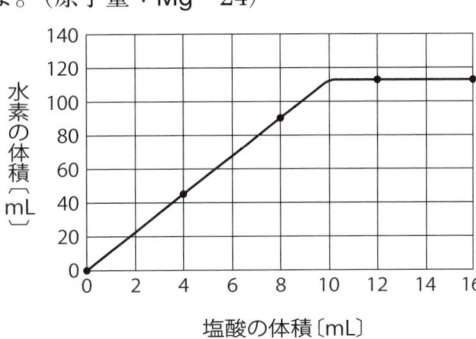

解説 上のグラフは、次の①、②のようになっています。

①塩酸の体積が 0 〜 10 mL のとき、加えた塩酸の量に比例して、発生する水素の量が増加しています。→塩酸が不足しています。

②塩酸の体積が 10 mL 以上のとき、加えた塩酸の量が増加しても、発生する水素の量は変わりません。→マグネシウムが不足しています。

つまり、**グラフの屈曲点**（塩酸の体積が 10 mL のとき）が、マグネシウムと塩酸が過不足なく反応する点を表しています。

マグネシウムと塩酸の反応を表す化学反応式は、

$$Mg + 2HCl \longrightarrow MgCl_2 + H_2$$

反応式の係数の比から、反応する Mg と HCl の物質量の比は 1：2 です。したがって、求める Mg の質量を x〔g〕とすると、Mg のモル質量は 24 g/mol なので、

$$Mg : HCl = \frac{x〔g〕}{24 \text{ g/mol}} : 1.0 \text{ mol/L} \times \frac{10}{1000} \text{L} = 1 : 2$$

$x = \mathbf{0.12 \text{ g}}$ ……… **答**

チェック問題

(1) 化学反応において、反応物の量に過不足がある場合は、（　　　　）するほうの反応物の量によって、生成物の量が決まる。

41 化学の基本法則

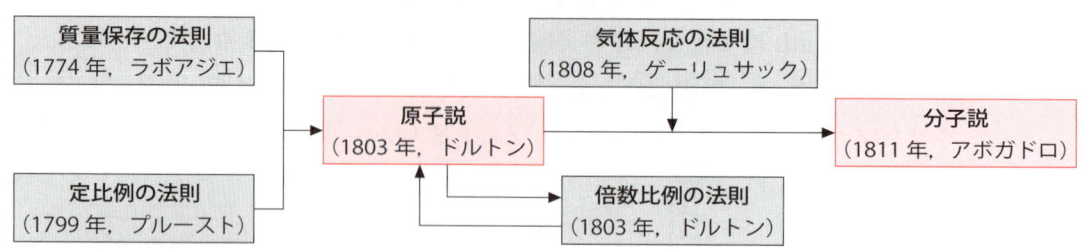

```
質量保存の法則              気体反応の法則
(1774年，ラボアジエ)         (1808年，ゲーリュサック)
        ↘                     ↓
          原子説                        分子説
         (1803年，ドルトン)              (1811年，アボガドロ)
        ↗         ↓↑
定比例の法則           倍数比例の法則
(1799年，プルースト)    (1803年，ドルトン)
```

◎質量保存の法則 … 化学変化の前後で，物質の質量の総和は一定である。

　フランスの**ラボアジエ**は，密閉容器中で金属を燃焼させる実験を行い，質量保存の法則を発見しました(1774年)。

◎定比例の法則 … 化合物を構成する成分元素の質量の比は，つねに一定である。

　フランスの**プルースト**は，多くの化合物について成分元素の質量の比が一定であることを発見しました(1799年)。

◎原子説 … 物質はすべて**原子**という分割できない粒子でできている。

　イギリスの**ドルトン**は，質量保存の法則と定比例の法則を矛盾なく説明するため，原子説を提唱しました(1803年)。また，自らの原子説を説明するため，倍数比例の法則を提唱しました(1803年)。

◎倍数比例の法則 … 2種類の元素からなる複数の化合物について，一方の元素の一定質量と化合する他方の元素の質量は，簡単な整数の比になる。

例 炭素Cと酸素Oからなる化合物
　　一酸化炭素 CO　　C：O＝12 g：16 g
　　二酸化炭素 CO_2　　C：O＝12 g：32 g
　　→ 炭素12 gと化合する酸素の質量は，
　　　16 g：32 g＝1：2

チェック問題の答え (1) 質量保存の法則，ラボアジエ　(2) 定比例の法則，プルースト　(3) 倍数比例の法則，ドルトン　(4) 気体反応の法則，ゲーリュサック　(5) アボガドロの法則，アボガドロ

◎**気体反応の法則** … 気体どうしの反応では，反応に関係する気体の同温・同圧における体積の間には，簡単な整数の比が成り立つ。

フランスのゲーリュサックは，気体どうしの反応について体積の関係を調べ，気体反応の法則を発見しました（1808年）。

しかし，気体反応の法則をドルトンの原子説にもとづいて説明することはできませんでした。

◎**分子説** … 気体は，いくつかの原子が結合した**分子**という粒子からなる。

◎**アボガドロの法則** … すべての気体は，同温・同圧のもとでは，同体積中に同数の分子を含む。

イタリアの**アボガドロ**は，気体反応の法則を説明するために，分子説およびアボガドロの法則を提唱しました（1811年）。アボガドロは，自らの分子説にもとづき，気体反応の法則を見事に説明しました。

第3章 物質量と化学反応式

チェック問題

(1) 化学変化の前後で，物質の質量の総和は一定である。この法則を（　　　　　　　　　）といい，発見者は（　　　　　　　　　）である。

(2) 化合物を構成する成分元素の質量の比は，つねに一定である。この法則を（　　　　　　　　　）といい，発見者は（　　　　　　　　　）である。

(3) 2種類の元素からなる複数の化合物について，一方の元素の一定質量と化合する他方の元素の質量は，簡単な整数の比になる。この法則を（　　　　　　　　　）といい，提唱者は（　　　　　　　　　）である。

(4) 気体どうしの反応では，反応に関係する気体の同温・同圧における体積の間には，簡単な整数の比が成り立つ。この法則を（　　　　　　　　　）といい，発見者は（　　　　　　　　　）である。

(5) すべての気体は，同温・同圧のもとでは，同体積中に同数の分子を含む。この法則を（　　　　　　　　　）といい，提唱者は（　　　　　　　　　）である。

第3章の確認テスト

解答→別冊 p.8〜10

1 元素の原子量　◀わからなければ30へ

（4点）

天然のホウ素原子は ^{10}B と ^{11}B の同位体からなり、それぞれの相対質量と存在比は右表の通りである。ホウ素の原子量を小数第1位まで求めよ。

	相対質量	存在比(%)
^{10}B	10.0	20.0
^{11}B	11.0	80.0

2 分子量・式量　◀わからなければ30へ

（各3点　計12点）

次の物質の分子量・式量を求めよ。（原子量：H＝1.0，C＝12，O＝16，S＝32，Ca＝40）

(1) 水 H_2O

(2) 硫酸 H_2SO_4

(3) 水酸化カルシウム $Ca(OH)_2$

(4) 炭酸イオン CO_3^{2-}

3 物質量　◀わからなければ31〜32へ

（各1点　計9点）

次の文章中の（①）〜（⑨）にあてはまる語句や数を答えよ。

　原子はそれぞれ固有の質量をもつが、その値はきわめて（①）ので、一定数個の集団として扱われる。この一定数個として、^{12}C 原子（②）g の中に含まれている原子の数を用いる。これは 6.0×10^{23} 個であり、この数を（③）という。

　6.0×10^{23} 個の粒子を含む物質の量を1（④）という。このように、粒子の数に基づいて表した物質の量を（⑤）という。また、物質1モルあたりの質量を（⑥）といい、原子量、分子量、式量の数値に単位（⑦）をつけて表す。

　0℃，1.01×10^5 Pa の状態を（⑧）といい、（⑧）における気体1モルの体積は、気体の種類によらず（⑨）L になる。

① _____　② _____　③ _____　④ _____

⑤ _____　⑥ _____　⑦ _____　⑧ _____

⑨ _____

4 物質量の計算　◀わからなければ33へ　　（各3点　計9点）

アンモニア NH₃ 0.20 mol について，次の問いに答えよ。
（分子量：NH₃ = 17　アボガドロ定数：6.0×10^{23} /mol）

(1) このアンモニアの質量は何 g か。　　　　＿＿＿＿＿＿＿＿

(2) このアンモニアの標準状態における体積は何 L か。　　　　＿＿＿＿＿＿＿＿

(3) このアンモニアには何個のアンモニア分子が含まれるか。　　　　＿＿＿＿＿＿＿＿

5 物質量の計算　◀わからなければ33へ　　（各3点　計9点）

次の各問いに答えよ。（分子量：CH₄ = 16，O₂ = 32　アボガドロ定数：6.0×10^{23} /mol）

(1) メタン CH₄ 1.6 g が標準状態で占める体積は何 L か。　　　　＿＿＿＿＿＿＿＿

(2) 酸素分子 O₂ 1.5×10^{23} 個の質量は何 g か。　　　　＿＿＿＿＿＿＿＿

(3) 標準状態における体積が 11.2 L のアンモニア NH₃ には，何個の水素原子 H が含まれるか。

　　　　＿＿＿＿＿＿＿＿

6 濃　度　◀わからなければ36へ　　（各3点　計9点）

次の各問いに答えよ。（式量：NaOH = 40）

(1) 水 100 g にスクロース 25 g を溶かした水溶液の質量パーセント濃度は何 % か。

　　　　＿＿＿＿＿＿＿＿

(2) 10 % スクロース水溶液 500 g に含まれるスクロースは何 g か。　　　　＿＿＿＿＿＿＿＿

(3) 水酸化ナトリウム NaOH 4.0 g を水に溶かして 200 mL にした水溶液のモル濃度は何 mol/L か。

　　　　＿＿＿＿＿＿＿＿

7 化学反応式の係数　◀わからなければ37へ　　（各2点　計10点）

次の化学反応式に正しく係数をつけよ。ただし，係数の 1 も省略せずに示すこと。

(1) ＿＿ P ＋ ＿＿ O₂ ⟶ ＿＿ P₄O₁₀

(2) ＿＿ C₂H₆O ＋ ＿＿ O₂ ⟶ ＿＿ CO₂ ＋ ＿＿ H₂O

(3) ＿＿ KClO₃ ⟶ ＿＿ KCl ＋ ＿＿ O₂

(4) ＿＿ Fe ＋ ＿＿ O₂ ⟶ ＿＿ Fe₃O₄

(5) ＿＿ Al ＋ ＿＿ HCl ⟶ ＿＿ AlCl₃ ＋ ＿＿ H₂

第3章　物質量と化学反応式

8 化学反応式　←わからなければ 37 へ　（各3点　計9点）

次の化学変化を化学反応式で表せ。

(1) 一酸化炭素 CO を燃焼させると，二酸化炭素 CO_2 が生じる。
　　　　　　　　　　　　　　　　　　　_____

(2) エチレン C_2H_4 を完全燃焼させると，二酸化炭素 CO_2 と水 H_2O が生じる。
　　　　　　　　　　　　　　　　　　　_____

(3) 過酸化水素水 H_2O_2 に触媒として酸化マンガン（Ⅳ）MnO_2 を少量加えると，酸素 O_2 と水 H_2O が生じる。　_____

9 化学反応の量的関係　←わからなければ 39 へ　（各3点　計12点）

プロパン C_3H_8 22 g を完全燃焼させた。次の問いに答えよ。（分子量：$C_3H_8 = 44$，$H_2O = 18$）

(1) プロパンの完全燃焼を表す化学反応式を書け。
　　　　　　　　　　　　　　　　　　　_____

(2) 生じた二酸化炭素の体積は，標準状態で何 L か。　_____

(3) 生じた水の質量は何 g か。　_____

(4) 燃焼に必要な酸素の体積は，標準状態で何 L か。　_____

10 化学反応の量的関係　←わからなければ 40 へ　（各4点　計12点）

マグネシウム 1.2 g に 1.0 mol/L の塩酸 50 mL を加えると，水素が発生した。次の問いに答えよ。なお，この反応の化学反応式は，$Mg + 2HCl \longrightarrow MgCl_2 + H_2$ で表される。（原子量：$Mg = 24$）

(1) マグネシウム 1.2 g の物質量は何 mol か。　_____

(2) 1.0 mol/L の塩酸 50 mL に含まれる塩化水素の物質量は何 mol か。　_____

(3) 発生した水素の体積は，標準状態で何 L か。　_____

11 化学反応の量的関係　←わからなければ 40 へ　（5点）

鉄粉 5.6 g と硫黄の粉末 4.0 g をよく混ぜ合わせ，十分に加熱した。硫化鉄（Ⅱ）FeS は何 g 生成するか。（原子量：$S = 32$，$Fe = 56$）

　　　　　　　　　　　　　　　　　　　_____

原子量の基準はどう変わったのか

現在，原子の相対質量（**原子量**）は ^{12}C 原子を基準としています。しかし，ずっと ^{12}C が基準だったわけではありません。

最初に原子量を提唱したのは**ドルトン**（イギリス）でした（1803年）。ドルトンの原子量では，最も軽い水素原子Hの質量を1として基準にしましたが，それほど正確なものではありませんでした。

1818年，**ベルセーリウス**（スウェーデン）は，多くの元素と化合物をつくる酸素原子Oの質量を100として基準にする原子量を発表しました。ベルセーリウスの原子量はかなり精度が高いものでしたが，値が大きく，使いづらいものでした。

1865年，**スタス**（ベルギー）は，最も軽い原子である水素の原子量を1に近づけるため，O = 16 を基準とする原子量を提唱し，1898年からは国際的に使われるようになりました。

ベルセーリウス

20世紀になると，酸素原子には ^{16}O，^{17}O，^{18}O の3種類の同位体があることがわかりました。これ以降，化学の分野では O = 16（すべての酸素原子の質量の平均値を16とする）を基準とした**化学的原子量**が使われたのに対して，物理の分野では ^{16}O = 16（質量数16の酸素原子の質量を16とする）を基準とした**物理的原子量**が使われるようになりました。

原子量が2種類あるのはたいへん不便なため，原子量の基準を統一しようという機運が生まれます。1960年，化学学会と物理学会は合同会議を開き，2種類の原子量の変更幅ができるだけ小さくなるように原子量の基準を変更し，原子量を統一することに決めました。このときに基準とされたのが ^{12}C = 12 です。この新基準による原子量は1961年から使われはじめ，現在に至っています。

42 酸と塩基

◎**酸** … **酸性**を示す物質。

酸の水溶液の性質

塩酸や硫酸，硝酸などの水溶液は，次のような共通の性質をもちます。このような性質を**酸性**といいます。

① 酸味がある。
② 青色リトマス紙を赤色に変え，BTB溶液を黄色に変える。
③ 多くの金属と反応して水素を発生させる。
④ 塩基と反応し，その性質を弱める。

身近な酸: 食酢，レモン，梅干し，トイレ用洗剤

トイレ用洗剤には，約10%の塩酸が含まれている。

代表的な酸

名称	化学式	名称	化学式
塩酸	HCl	炭酸	H_2CO_3 *1
硫酸	H_2SO_4	酢酸	CH_3COOH
リン酸	H_3PO_4	シュウ酸	$(COOH)_2$
硝酸	HNO_3		

*1 炭酸は二酸化炭素の水溶液(CO_2+H_2O)である。

酸性の正体

酸が水に溶けると次のように電離して，水素イオンH^+を生じます。つまり，酸性を表す原因はH^+です。

$$HCl \longrightarrow H^+ + Cl^-$$
　前の原子は陽イオン，後の原子は陰イオンにする。
　水素イオンH^+と塩化物イオンCl^-に分ける。

$$H_2SO_4 \longrightarrow 2H^+ + SO_4^{2-}$$
　水素イオンH^+ 2個と硫酸イオンSO_4^{2-}に分ける。
　水素イオン2個はH_2^+ではなく，$2H^+$と書く。

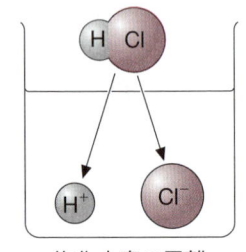

$$CH_3COOH \rightleftarrows^{*2} H^+ + CH_3COO^-$$
　水素イオンH^+とそれ以外（酢酸イオンCH_3COO^-）に分ける。

*2 ⇌は化学反応が右向きにも左向きにも起こることを示す。

塩化水素の電離

チェック問題の答え　(1) 水素　(2) 水酸化物

◎塩基[*3] … **塩基性**を示す物質。

[*3] 水に溶けやすい塩基を特に**アルカリ**という。

塩基の水溶液の性質

水酸化ナトリウムやアンモニアなどの水溶液は，次のような共通の性質をもちます。このような性質を**塩基性**といいます。
① 苦味がある。
② 赤色リトマス紙を青色に変え，BTB溶液を青色に変える。
③ フェノールフタレイン溶液を赤色に変える。
④ 酸と反応し，その性質を弱める。

身近な塩基：セッケン、虫さされ用アンモニア水、石灰
石灰の主成分は水酸化カルシウム $Ca(OH)_2$ である。

代表的な塩基

名称	化学式	名称	化学式
水酸化ナトリウム	NaOH	水酸化バリウム	$Ba(OH)_2$
水酸化カリウム	KOH	水酸化アルミニウム	$Al(OH)_3$
水酸化カルシウム	$Ca(OH)_2$	水酸化鉄(Ⅲ)	$Fe(OH)_3$
アンモニア	NH_3		

塩基性の正体

塩基が水に溶けると次のように電離して，水酸化物イオン OH^- を生じます。つまり，塩基性を表す原因は OH^- です。

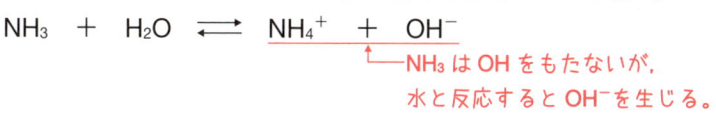

$$NaOH \longrightarrow Na^+ + OH^-$$
　　　水酸化物イオン OH^- とナトリウムイオン Na^+ に分ける。

$$Ca(OH)_2 \longrightarrow Ca^{2+} + 2OH^-$$
　　　水酸化物イオン2個は $(OH^-)_2$ ではなく，$2OH^-$ と書く。

$$NH_3 + H_2O \rightleftarrows NH_4^+ + OH^-$$
　　　NH_3 は OH をもたないが，水と反応すると OH^- を生じる。

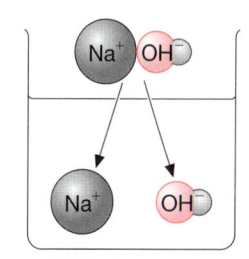

水酸化ナトリウムの電離

第4章 酸と塩基の反応

チェック問題

(1) 酸性の水溶液中には，共通して(　　　　　　)イオンが存在している。

(2) 塩基性の水溶液中には，共通して(　　　　　　)イオンが存在している。

43 酸・塩基の定義と価数

◎アレーニウスの酸・塩基の定義[*1]

- 酸 …… 水溶液中で電離して，**水素イオン H^+ を出す**物質[*2]。
- 塩基 … 水溶液中で電離して，**水酸化物イオン OH^- を出す**物質。

[*1] アレーニウスの定義では，酸・塩基が水溶液でないと区別できない。
[*2] 水素イオン H^+ は，水溶液中では水分子 H_2O と配位結合して，オキソニウムイオン H_3O^+ として存在している（→ 24）。

◎ブレンステッド・ローリーの酸・塩基の定義[*3]

- 酸 …… 水素イオン H^+ を相手に**与える**物質。
- 塩基 … 水素イオン H^+ を相手から**受けとる**物質。

[*3] ブレンステッド・ローリーの定義では，酸・塩基が水溶液ではないとき，つまり気体や固体のときでも区別できる。

例1 空気中でアンモニア NH_3 と塩化水素 HCl がふれると，塩化アンモニウム NH_4Cl の白煙が生じる。

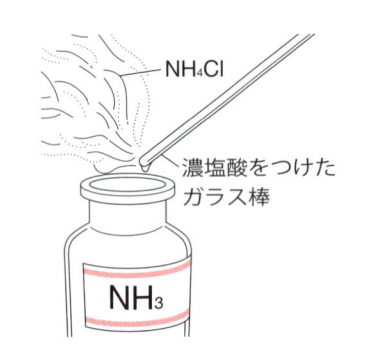

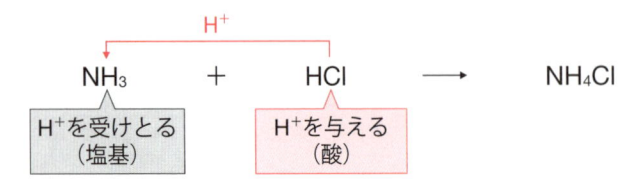

$$NH_3 + HCl \longrightarrow NH_4Cl$$

- NH_3：H^+ を受けとる（塩基）
- HCl：H^+ を与える（酸）

濃塩酸をつけたガラス棒／NH_3／NH_4Cl

例2 塩化水素 HCl が水に溶解すると，酸性を示す。

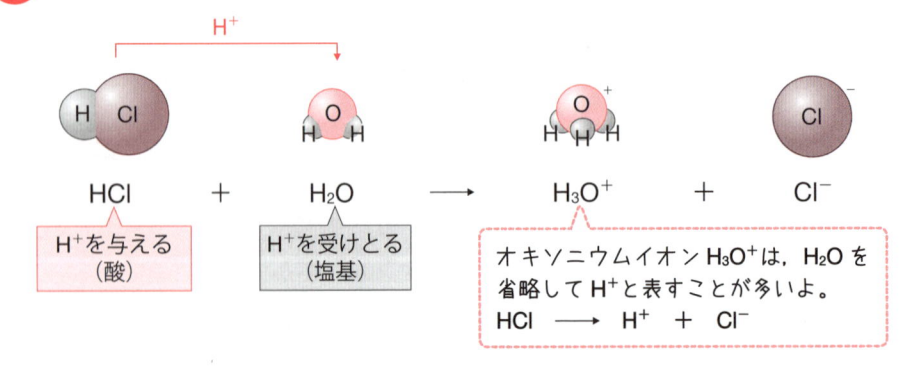

$$HCl + H_2O \longrightarrow H_3O^+ + Cl^-$$

- HCl：H^+ を与える（酸）
- H_2O：H^+ を受けとる（塩基）

オキソニウムイオン H_3O^+ は，H_2O を省略して H^+ と表すことが多いよ。
$$HCl \longrightarrow H^+ + Cl^-$$

チェック問題の答え　(1) 水素イオン，水酸化物イオン　(2) 与える，受けとる

◎**酸の価数** …… 酸の化学式から電離して生じることができる水素イオン H^+ の数。2価以上の酸を**多価の酸**という。

◎**塩基の価数** … 塩基の化学式から電離して生じることができる水酸化物イオン OH^- の数，または，受けとることができる水素イオン H^+ の数。2価以上の塩基を**多価の塩基**という。

おもな酸・塩基

	名称と化学式		電離式*4	価数
酸	塩酸（塩化水素）	HCl	HCl ⟶ H⁺ + Cl⁻	1価
	硝酸	HNO₃	HNO₃ ⟶ H⁺ + NO₃⁻	
	酢酸*5	CH₃COOH	CH₃COOH ⇌ H⁺ + CH₃COO⁻	
	硫酸	H₂SO₄	H₂SO₄ ⟶ 2H⁺ + SO₄²⁻	2価
	炭酸	H₂CO₃	H₂CO₃ ⇌ 2H⁺ + CO₃²⁻	
	シュウ酸	(COOH)₂	(COOH)₂ ⇌ 2H⁺ + (COO)₂²⁻	
	リン酸	H₃PO₄	H₃PO₄ ⇌ 3H⁺ + PO₄³⁻	3価
塩基	水酸化ナトリウム	NaOH	NaOH ⟶ Na⁺ + OH⁻	1価
	水酸化カリウム	KOH	KOH ⟶ K⁺ + OH⁻	
	アンモニア	NH₃	NH₃ + H₂O ⇌ NH₄⁺ + OH⁻	
	水酸化カルシウム	Ca(OH)₂	Ca(OH)₂ ⟶ Ca²⁺ + 2OH⁻	2価
	水酸化バリウム	Ba(OH)₂	Ba(OH)₂ ⟶ Ba²⁺ + 2OH⁻	
	水酸化アルミニウム*6	Al(OH)₃	Al(OH)₃ ⇌ Al³⁺ + 3OH⁻	3価
	水酸化鉄(Ⅲ)*6	Fe(OH)₃	Fe(OH)₃ ⇌ Fe³⁺ + 3OH⁻	

*4 物質の電離を表すイオン反応式を特に**電離式**という。
*5 酢酸 CH₃COOH の分子中には水素原子 H が4個あるが，水素イオン H⁺ となるのは下線部の1つだけなので，酸の価数は1価となる。
*6 水酸化アルミニウムや水酸化鉄(Ⅲ)は水に溶けにくい塩基であるが，ごくわずかに溶けて電離する。

チェック問題

(1) アレーニウスの定義では，電離して（　　　　　　　）を出す物質を酸といい，（　　　　　　　）を出す物質を塩基という。

(2) ブレンステッド・ローリーの定義では，相手の物質に水素イオンを（　　　　　）物質を酸といい，相手の物質から水素イオンを（　　　　　）物質を塩基という。

第4章 酸と塩基の反応

101

44 酸・塩基の強弱

◎**電離度** … 水に溶けた酸・塩基のうち，**電離したものの割合**。

$$電離度\ \alpha = \frac{電離した酸・塩基の物質量〔mol〕}{溶かした酸・塩基の物質量〔mol〕}$$

電離度は 0 より大きく，最大が 1 です。（$0 < \alpha \leq 1$）。

電離度は物質によって大きく違い，塩化水素のようにほぼ 1 であるものもあれば，酢酸のように 1 よりかなり小さいものもあります。

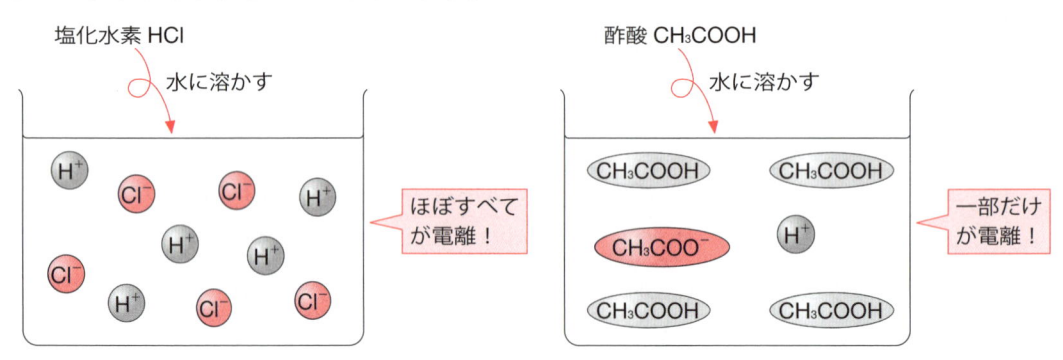

塩化水素 HCl　　　　　　　　　　　　酢酸 CH_3COOH
水に溶かす　　　　　　　　　　　　　水に溶かす

ほぼすべてが電離！　　　　　　　　　一部だけが電離！

溶かした HCl 分子がすべて電離したので，$\alpha = \frac{5}{5} = 1$

溶かした CH_3COOH 5 分子のうち，1 分子だけが電離したので，$\alpha = \frac{1}{5} = 0.2$

◎**強酸** …… 電離度が **1 に近い酸**。
◎**弱酸** …… 電離度が **1 よりかなり小さい酸**。
◎**強塩基** … 電離度が **1 に近い塩基**。
◎**弱塩基** … 電離度が **1 よりかなり小さい塩基**や，**水に溶けにくい塩基**。

強酸や強塩基の電離度は，濃度によらずほぼ 1 です。これに対し，弱酸や弱塩基の電離度は，濃度によって変化します。

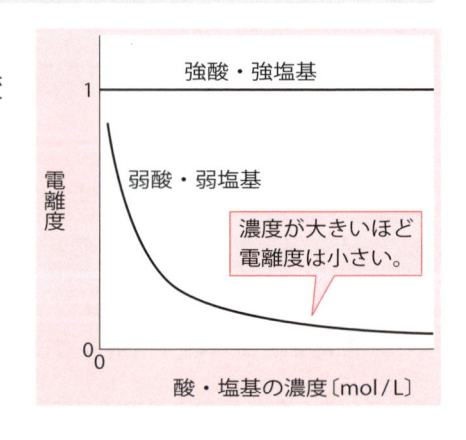

強酸・強塩基
弱酸・弱塩基
濃度が大きいほど電離度は小さい。
電離度
酸・塩基の濃度〔mol/L〕

102　チェック問題の答え　(1)電離度　(2)強酸，強塩基　(3)弱酸，弱塩基

おもな酸・塩基とその強弱

価数	強酸	弱酸
1価	塩酸　　HCl 硝酸　　HNO$_3$	酢酸　　CH$_3$COOH
2価	硫酸　　H$_2$SO$_4$	炭酸　　H$_2$CO$_3$ シュウ酸　(COOH)$_2$ *1
3価		リン酸　H$_3$PO$_4$ *1

> 酸・塩基の強弱は，その価数の大小とはまったく無関係！

*1 シュウ酸とリン酸は弱酸に分類されるが，比較的酸性が強い。

価数	強塩基	弱塩基
1価	水酸化ナトリウム　NaOH 水酸化カリウム　　KOH	アンモニア　　NH$_3$
2価	水酸化カルシウム　Ca(OH)$_2$ 水酸化バリウム　　Ba(OH)$_2$	水酸化銅(Ⅱ)　Cu(OH)$_2$
3価		水酸化アルミニウム　Al(OH)$_3$ 水酸化鉄(Ⅲ)　　　　Fe(OH)$_3$

多価の酸・塩基の電離

酸は分子でできた物質なので，多価の酸は一度には電離せず，段階的に電離します。これに対し，塩基はイオンでできた物質なので，多価の塩基でも水に溶けたものは一度に電離します。

例1 リン酸 H$_3$PO$_4$ の電離式

$H_3PO_4 \rightleftarrows H^+ + H_2PO_4^-$（リン酸二水素イオン）
$H_2PO_4^- \rightleftarrows H^+ + HPO_4^{2-}$（リン酸水素イオン）
$HPO_4^{2-} \rightleftarrows H^+ + PO_4^{3-}$（リン酸イオン）

例2 水酸化バリウム Ba(OH)$_2$ の電離式

$Ba(OH)_2 \longrightarrow Ba^{2+} + 2OH^-$

第4章 酸と塩基の反応

チェック問題

(1) 水に溶けた酸・塩基のうち，電離したものの割合を（　　　　　）という。

(2) 同じ濃度において，電離度がほぼ 1 である酸と塩基を，それぞれ（　　　　　），（　　　　　）という。

(3) 同じ濃度において，電離度が 1 よりかなり小さい酸と塩基を，それぞれ（　　　　　），（　　　　　）という。

45 水の電離と水素イオン濃度

◎**水の電離** … 純粋な水（純水）中では，水分子の一部が電離している。

純水でも，ごくわずかに電気を通します。これは，水分子の一部が次の式のように電離して，イオンを生じているからです。

$H_2O \rightleftarrows H^+ + OH^-$

◎**水素イオン濃度** … 水素イオン H^+ のモル濃度。[H^+] と表す。

◎**水酸化物イオン濃度** … 水酸化物イオン OH^- のモル濃度。[OH^-] と表す。

25℃の純水では，水 1 L あたり 1×10^{-7} mol の H^+ と 1×10^{-7} mol の OH^- が存在します。つまり，次の関係が成り立ちます。

[H^+] = [OH^-] = 1×10^{-7} mol/L

水溶液中の [H^+] と [OH^-] の関係

① 水に酸を溶かすと，[H^+] は増加し，[OH^-] は減少します。
② 水に塩基を溶かすと，[OH^-] は増加し，[H^+] は減少します。

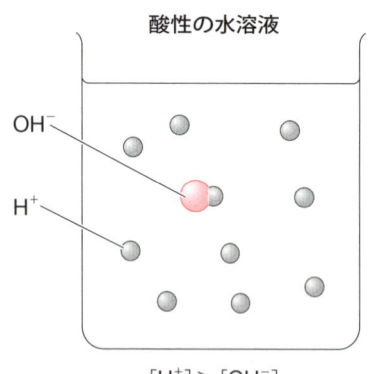

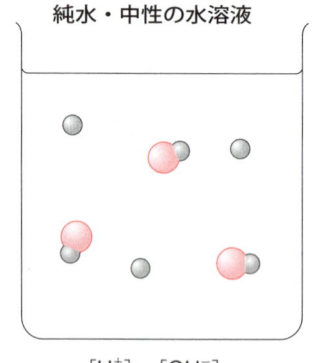

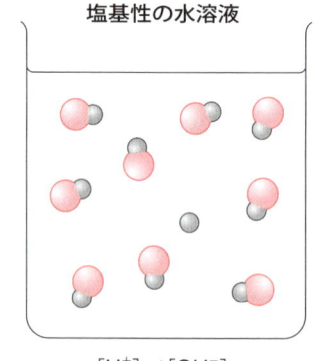

酸性の水溶液	純水・中性の水溶液	塩基性の水溶液
[H^+] > [OH^-]	[H^+] = [OH^-]	[H^+] < [OH^-]

参考　水のイオン積

水溶液中の水素イオン濃度[H^+]と水酸化物イオン濃度[OH^-]の間には，反比例の関係が成り立ちます。したがって，[H^+]と[OH^-]の積は一定の値となります。この値を**水のイオン積**といい，記号 K_w で表します。

25℃の純水では [H^+] = [OH^-] = 1×10^{-7} mol/L であることから，25℃における水のイオン積は，次のように求められます。

K_w = [H^+] × [OH^-] = 1×10^{-7} mol/L × 1×10^{-7} mol/L = 1×10^{-14} (mol/L)^2

チェック問題の答え　(1) 1×10^{-7}，1×10^{-7}　(2) 電離度　(3) 価数

水素イオン濃度の求め方

酸の水溶液中の水素イオン濃度[H$^+$]は，次の式で求められます。

$$[H^+] = 酸のモル濃度〔mol/L〕× 価数 × 電離度$$

例1 0.1 mol/L の塩酸 HCl（電離度 1）中の水素イオン濃度は，

$[H^+] = 0.1$ mol/L $× 1 × 1 = 0.1$ mol/L
　　　　　　　価数↑　↑電離度

例2 0.1 mol/L の酢酸 CH$_3$COOH（電離度 0.01）中の水素イオン濃度は，

$[H^+] = 0.1$ mol/L $× 1 × 0.01 = 0.001$ mol/L
　　　　　　　価数↑　　↑電離度

水酸化物イオン濃度の求め方

塩基の水溶液中の水酸化物イオン濃度[OH$^-$]は，次の式で求められます。

$$[OH^-] = 塩基のモル濃度〔mol/L〕× 価数 × 電離度$$

例1 0.05 mol/L の水酸化カルシウム Ca(OH)$_2$ 水溶液（電離度 1）中の水酸化物イオン濃度は，

$[OH^-] = 0.05$ mol/L $× 2 × 1 = 0.1$ mol/L
　　　　　　　　価数↑　↑電離度

例2 0.05 mol/L のアンモニア NH$_3$ 水（電離度 0.02）中の水酸化物イオン濃度は，

$[OH^-] = 0.05$ mol/L $× 1 × 0.02 = 0.001$ mol/L
　　　　　　　　価数↑　　↑電離度

第4章 酸と塩基の反応

チェック問題

(1) 25℃の純水中における水素イオン濃度は（　　　　　）mol/L であり，水酸化物イオン濃度は（　　　　　）mol/L である。

(2) 酸の水溶液中における水素イオン濃度は，次の式で求められる。
　　$[H^+] =$ 酸のモル濃度〔mol/L〕× 価数 ×（　　　　　）

(3) 塩基の水溶液中における水酸化物イオン濃度は，次の式で求められる。
　　$[OH^-] =$ 塩基のモル濃度〔mol/L〕×（　　　　　）× 電離度

46 pH（水素イオン指数）

◎ **pH**[*1]（水素イオン指数）… 水素イオン濃度を 10^{-n} mol/L の形で表したときの n の値。$[H^+] = 10^{-n}$ mol/L のとき，pH $= n$ となる。

[*1] 英語読みでは「ピーエイチ」，ドイツ語読みでは「ペーハー」となる。

酸性・塩基性の強さは，水素イオン濃度 $[H^+]$ で表されます。一般に，水溶液中の $[H^+]$ は 1 mol/L から 10^{-14} mol/L までの非常に広い範囲で変化するため，mol/L 単位で表すと不便なことがあります。そこで，$[H^+]$ を 10^{-n} mol/L の形で表したときの指数 n に着目して，酸性・塩基性の強さを表します。

例 $[H^+] = 1 \times 10^{-3}$ mol/L の水溶液の pH は 3 である。
$[H^+] = 1 \times 10^{-12}$ mol/L の水溶液の pH は 12 である。

pH と水溶液の酸性・塩基性の関係

① 酸性……pH ＜ 7
② 中性……pH ＝ 7
③ 塩基性…pH ＞ 7

> pH ＝ 7 を境に，pH が 1 小さくなると酸性が 10 倍ずつ強くなり，pH が 1 大きくなると塩基性が 10 倍ずつ強くなる。

pH	0	1	2	3	4	5	6	7	8	9	10	11	12	13	14
$[H^+]$ 〔mol/L〕	10^0	10^{-1}	10^{-2}	10^{-3}	10^{-4}	10^{-5}	10^{-6}	10^{-7}	10^{-8}	10^{-9}	10^{-10}	10^{-11}	10^{-12}	10^{-13}	10^{-14}
$[OH^-]$ 〔mol/L〕	10^{-14}	10^{-13}	10^{-12}	10^{-11}	10^{-10}	10^{-9}	10^{-8}	10^{-7}	10^{-6}	10^{-5}	10^{-4}	10^{-3}	10^{-2}	10^{-1}	10^0
液性	強 ←		酸性			弱		中性	弱		塩基性			→ 強	

pH の測定

正確な pH は **pH メーター**で測定し，およその pH は **pH 指示薬**（→ 50）で測定します。pH 指示薬は，**変色域**[*2]を挟んで色が変化します。

[*2] 色調が変化する pH の範囲。

pH 指示薬 ＼ pH	1	2	3	4	5	6	7	8	9	10	11
メチルオレンジ（MO）		赤 3.1		4.4 黄							
ブロモチモールブルー（BTB）						黄 6.0	7.6 青				
フェノールフタレイン（PP）								無 8.0	9.8 赤		

チェック問題の答え （1）pH（水素イオン指数） （2）塩基，酸

pH の求め方

例1 0.1 mol/L 塩酸の pH

塩酸中の塩化水素は 1 価の強酸なので，完全に電離する（電離度 1）。したがって，
$$[H^+] = 0.1 \text{ mol/L} \times 1 \times 1 = 0.1 \text{ mol/L} = 1 \times 10^{-1} \text{ mol/L}$$
（価数 ↑　　↑ 電離度）

したがって，pH は 1 である。

例2 0.1 mol/L 水酸化ナトリウム水溶液の pH

水酸化ナトリウムは 1 価の強塩基なので，完全に電離する（電離度 1）。したがって，
$$[OH^-] = 0.1 \text{ mol/L} \times 1 \times 1 = 0.1 \text{ mol/L} = 1 \times 10^{-1} \text{ mol/L}$$
（価数 ↑　　↑ 電離度）

p.106 の表から，$[OH^-] = 1 \times 10^{-1}$ mol/L のとき，$[H^+] = 1 \times 10^{-13}$ mol/L である。したがって，pH は 13 である。

酸を水でうすめたときの pH の変化

酸の水溶液を水で 10 倍にうすめると，pH は 1 ずつ大きくなります。しかし，酸性であることに変わりないので，どんなに水でうすめても pH が 7 より大きくなることはありません。

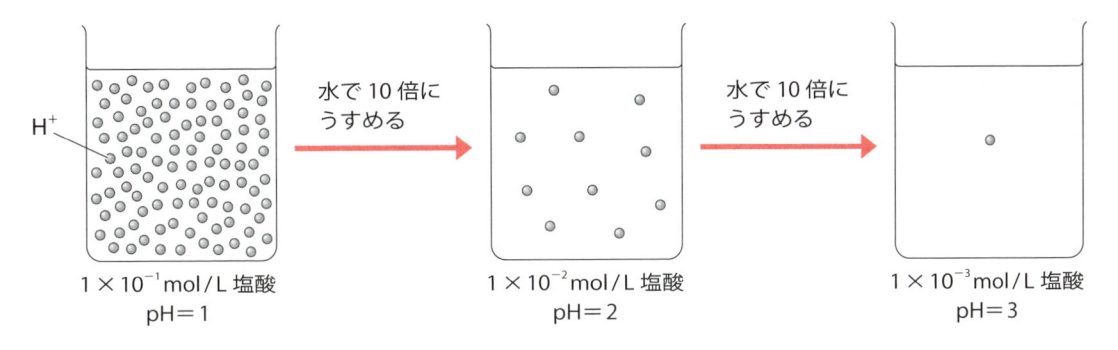

1×10^{-1} mol/L 塩酸　pH＝1　→ 水で 10 倍にうすめる → 1×10^{-2} mol/L 塩酸　pH＝2　→ 水で 10 倍にうすめる → 1×10^{-3} mol/L 塩酸　pH＝3

第 4 章　酸と塩基の反応

チェック問題

(1) 水溶液の水素イオン濃度を $[H^+] = 1 \times 10^{-n}$ mol/L と表したときの n の値を（　　　　　　　　　　）という。

(2) 水溶液の pH が 7 より大きいとき，その水溶液は（　　　　）性である。また，水溶液の pH が 7 より小さいとき，その水溶液は（　　　　）性である。

47 中和反応

◎**中和反応**…酸と塩基が互いの性質を打ち消し合う反応。単に**中和**ともいう。酸が出す水素イオン H^+ と塩基が出す OH^- が結合して水 H_2O ができるとともに，酸の陰イオンと塩基の陽イオンから**塩**ができる。

酸・塩基の中和反応式をつくるときは，酸の H^+ と塩基の OH^- に過不足がないように，反応式の酸・塩基の係数を決めます。

例1 塩酸と水酸化ナトリウム水溶液の中和

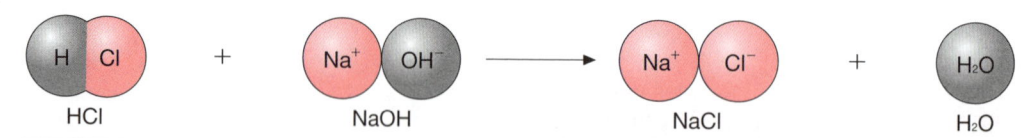

HCl + NaOH ⟶ NaCl + H₂O

水素イオン H^+ と水酸化物イオン OH^- を組み合わせて水 H_2O にする。残ったナトリウムイオン Na^+ と塩化物イオン Cl^- を組み合わせて塩化ナトリウム NaCl をつくる。

例2 塩酸と水酸化カルシウム水溶液の中和

2HCl + Ca(OH)₂ ⟶ CaCl₂ + 2H₂O

塩化水素 HCl は水素イオン H^+ を1個出し，水酸化カルシウム Ca(OH)₂ は水酸化物イオン OH^- を2個出す。H^+ と OH^- の数を合わせるため，HCl を2倍する。したがって，水 H_2O は2分子できることになる。

例3 硫酸と水酸化ナトリウム水溶液の中和

H₂SO₄ + 2NaOH ⟶ Na₂SO₄ + 2H₂O

硫酸 H₂SO₄ は水素イオン H^+ を2個出し，水酸化ナトリウム NaOH は水酸化物イオン OH^- を1個出す。H^+ と OH^- の数を合わせるため，NaOH を2倍する。したがって，水 H_2O は2分子できることになる。

例4 塩化水素とアンモニアの中和

HCl + NH₃ ⟶ NH₄Cl

塩化水素 HCl は水素イオン H^+ を1個出す。アンモニア NH₃ は水酸化物イオン OH^- を1個出すのではなく，H^+ を1個受けとる。したがって，水 H_2O はできず，アンモニウムイオン NH_4^+ と塩化物イオン Cl^- から塩化アンモニウム NH₄Cl という塩だけができる。

チェック問題の答え (1)中和反応(中和) (2)水 (3)水素イオン，水酸化物イオン

中和の量的関係

酸と塩基がちょうど中和するとき，次の関係が成り立ちます。

> （酸が出す水素イオンH⁺の物質量）＝（塩基が出す水酸化物イオンOH⁻の物質量）

酸		価数	物質量
塩化水素	HCl	1	1 mol
酢酸	CH_3COOH	1	1 mol
硫酸	H_2SO_4	2	0.5 mol

水素イオン H⁺ 1 mol を生じる。
（酸の強弱によらない。）

塩基		価数	物質量
水酸化ナトリウム	NaOH	1	1 mol
アンモニア	NH_3	1	1 mol
水酸化カルシウム	$Ca(OH)_2$	2	0.5 mol

水酸化物イオン OH⁻ 1 mol を生じる。
（塩基の強弱によらない。）

＊アンモニアの中和では水は生じない。

ちょうど中和して水 H_2O を 1 mol 生じる。

したがって，濃度 c〔mol/L〕の a 価の酸の水溶液 V〔mL〕と，濃度 c'〔mol/L〕の b 価の塩基の水溶液 V'〔mL〕がちょうど中和したとき，次の関係が成り立ちます（中和の公式）。

$$a \times c \times \frac{V}{1000} = b \times c' \times \frac{V'}{1000} \Rightarrow acV = bc'V'$$

ちょうど中和！

価数：a
濃度：c〔mol/L〕
体積：V〔mL〕

H_2O

価数：b
濃度：c'〔mol/L〕
体積：V'〔mL〕

酸の水溶液　　　　　　　　　　　　　　　　塩基の水溶液

チェック問題

(1) 酸と塩基が互いの性質を打ち消し合う反応を（　　　　　）という。

(2) 酸と塩基の水溶液が中和すると，（　　）と塩ができる。

(3) 酸と塩基がちょうど中和するとき，次の関係が成り立つ。
　　（酸が出す（　　　　　　）の物質量）＝（塩基が出す（　　　　　　）の物質量）

48 塩の性質

◎**塩** … 酸と塩基の中和反応において，水とともに生じる物質。

塩は，酸の陰イオン A⁻ と塩基の陽イオン B⁺ がイオン結合した物質です。

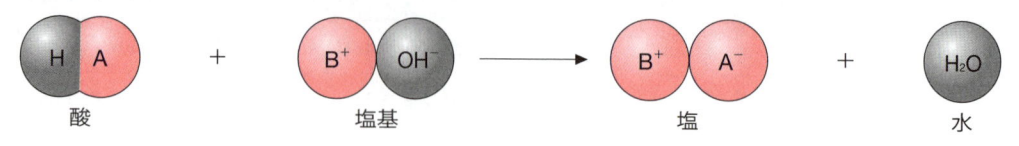

H−A（酸） + B⁺OH⁻（塩基） ⟶ B⁺A⁻（塩） + H₂O（水）

塩の分類

塩は，その化学式（組成式）によって，正塩，酸性塩，塩基性塩に分類されます。

分類	説明	中和反応	塩の例	
正塩	酸のHも塩基のOHも残っていない塩	完全中和*1で生じる	塩化ナトリウム 硫酸ナトリウム 塩化アンモニウム	NaCl Na₂SO₄ NH₄Cl*3
酸性塩	酸のHが残っている塩	部分中和*2で生じる	炭酸水素ナトリウム 硫酸水素ナトリウム	NaHCO₃ NaHSO₄
塩基性塩	塩基のOHが残っている塩		塩化水酸化マグネシウム 塩化水酸化銅（Ⅱ）	MgCl(OH) CuCl(OH)

> この塩の分類は，塩の水溶液の液性とは必ずしも一致しない。

*1 酸と塩基が過不足なく中和した状態を完全中和という。
*2 中和反応は起こったが，酸と塩基の量に過不足がある状態を部分中和という。
*3 塩化アンモニウム NH₄Cl は化学式中に水素原子 H が残っているが，水素イオン H⁺ にはならないので，正塩に分類される。

塩の生成

例1 硫酸 1 mol と水酸化ナトリウム 1 mol が部分中和したとき

H₂SO₄ + NaOH ⟶ NaHSO₄ + H₂O
　　　　　　　　　　　硫酸水素ナトリウム

> 化学式中に H が残った酸性塩が生じる。

例2 硫酸 1 mol と水酸化ナトリウム 2 mol が完全中和したとき

H₂SO₄ + 2NaOH ⟶ Na₂SO₄ + 2H₂O
　　　　　　　　　　　硫酸ナトリウム

> 化学式中に H も OH も残っていない正塩が生じる。

チェック問題の答え　(1) 正塩，酸性塩，塩基性塩　(2) 中，酸，塩基　(3) 酸，塩基

正塩の水溶液の性質

正塩の水溶液の性質は，塩を構成するもとになった酸・塩基の強弱によって決まります。

① 強酸＋強塩基からなる正塩…水溶液は中性
② 強酸＋弱塩基からなる正塩…水溶液は酸性
③ 弱酸＋強塩基からなる正塩…水溶液は塩基性
④ 弱酸＋弱塩基からなる正塩…中性に近い性質を示すことが多い。

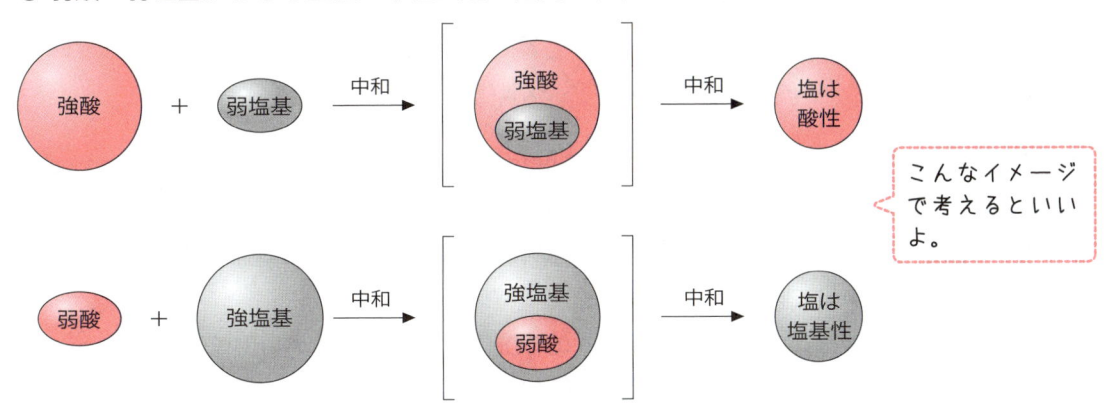

強酸 ＋ 弱塩基 →中和→ [強酸(弱塩基)] →中和→ 塩は酸性

弱酸 ＋ 強塩基 →中和→ [強塩基(弱酸)] →中和→ 塩は塩基性

こんなイメージで考えるといいよ。

酸性塩の水溶液の性質

① 硫酸水素ナトリウム NaHSO₄ は，硫酸 H₂SO₄（強酸）と水酸化ナトリウム NaOH（強塩基）からなる塩です。強酸由来の水素原子 H が残っており，電離して水素イオン H⁺ を生じるので，水溶液は酸性を示します。

② 炭酸水素ナトリウム NaHCO₃ は，炭酸 H₂CO₃（弱酸）と水酸化ナトリウム NaOH（強塩基）からなる塩です。したがって，水溶液は塩基性を示します。
↑弱酸由来の水素原子 H が残っているが，水素イオン H⁺ は生じないので水溶液は酸性を示さない。

チェック問題

(1) 酸の H も塩基の OH も残っていない塩を（　　　　　），酸の H が残っている塩を（　　　　　），塩基の OH が残っている塩を（　　　　　）という。

(2) 強酸と強塩基の中和で生じた正塩の水溶液は（　　　）性を示し，強酸と弱塩基の中和で生じた正塩の水溶液は（　　　）性を示す。また，弱酸と強塩基の中和で生じた正塩の水溶液は（　　　）性を示す。

(3) 硫酸水素ナトリウム NaHSO₄ の水溶液は（　　　）性を示し，炭酸水素ナトリウム NaHCO₃ の水溶液は（　　　）性を示す。

49 中和滴定

◎ **中和滴定** … 濃度がわかっている酸（塩基）の水溶液を用いて，**濃度がわからない塩基（酸）の濃度を求める実験操作。**

◎ **標準溶液** … 濃度が正確にわかっている酸（塩基）の水溶液。

◎ **中和点** … 酸と塩基が過不足なく反応した点。

47で学習した中和の量的関係を使うと，濃度がわかっている酸（塩基）の水溶液（＝標準溶液）を用いて，濃度がわからない塩基（酸）の水溶液（＝検液）の濃度を求めることができます。これを**中和滴定**といいます。中和滴定では，液中にpH指示薬（→50）を加えておき，指示薬の色の変化によって中和点を求めます。

なお，酸の標準溶液は，シュウ酸二水和物 $(COOH)_2 \cdot 2H_2O$ の結晶を用いてつくるのが一般的です。これは，シュウ酸二水和物には潮解性[*1]がなく，空気中でも安定に存在する結晶であるため，質量を正確に測定することができるからです。

[*1] 空気中の水分を吸収し，その水に溶ける性質。

中和滴定に使用する器具

	ホールピペット[*2]	ビュレット[*2]	メスフラスコ[*2]	コニカルビーカー
器具	←標線		←標線	
使用目的	一定体積の水溶液を正確にはかりとる。	滴下する水溶液の体積を正確にはかる。	水でうすめて正確な濃度の水溶液をつくる。	滴定する水溶液を入れる。[*3]
水でぬれているときの対処	はかりとる水溶液の濃度が変わらないように，これから使用する水溶液で器具の内壁を洗う（**共洗い**）。		水でぬれたまま使用してもよい。	

[*2] メスフラスコ，ホールピペット，ビュレットには正確な目盛りがついているので，加熱乾燥してはならない。これは，加熱して冷却しても，もとの体積に戻る保証がないからである。

[*3] コニカルビーカーのかわりに三角フラスコを用いてもよい。

チェック問題の答え　(1) 中和滴定

中和滴定の操作

① ホールピペットで酸の標準溶液の一定量を正確にはかりとり，コニカルビーカーに入れる。ここに，適当な指示薬を 1〜2 滴加える。
② ビュレットから濃度不明の塩基の水溶液（検液）を少しずつ滴下する。指示薬の色が変化したら滴下をやめ，滴下した水溶液の体積を求める。
③ 中和の公式 $acV = bc'V'$ を用いて，塩基の水溶液の濃度を求める。

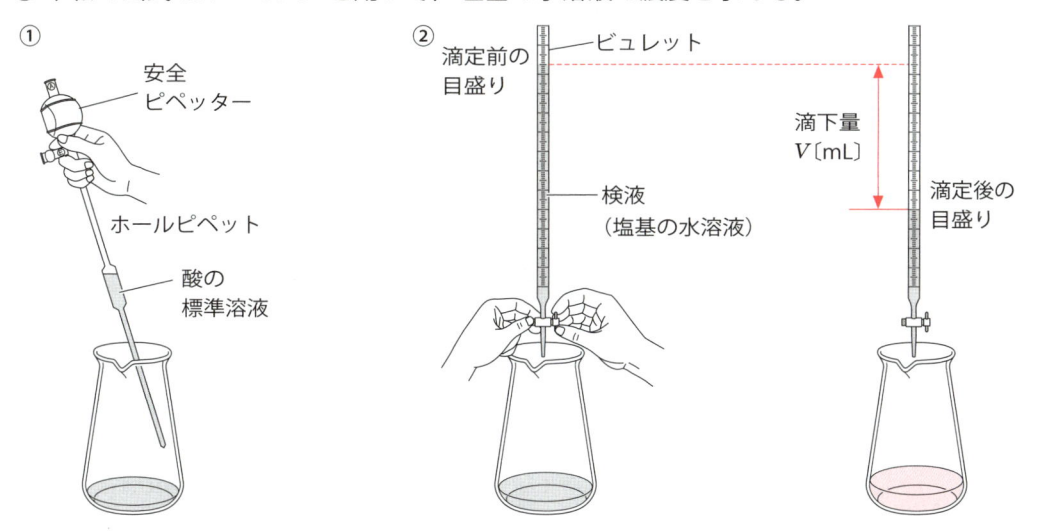

問題 0.0500 mol/L のシュウ酸水溶液 10.0 mL を，濃度不明の水酸化ナトリウム水溶液で中和滴定したところ，滴下量が 12.5 mL のときに指示薬の色が変化した。この水酸化ナトリウム水溶液のモル濃度を求めよ。

解説 シュウ酸 $(COOH)_2$ は 2 価の酸，水酸化ナトリウム NaOH は 1 価の塩基である。水酸化ナトリウム水溶液のモル濃度を x [mol/L] とすると，中和の公式より，

$$2 \times 0.0500 \text{ mol/L} \times 10.0 \text{ mL} = 1 \times x \text{ [mol/L]} \times 12.5 \text{ mL}$$
（価数）　（濃度）　　　　（体積）　　（価数）　（濃度）　　（体積）

$x = \mathbf{0.0800 \text{ mol/L}}$ ……**答**

チェック問題

(1) 濃度がわかっている酸（塩基）の水溶液を用いて，濃度がわからない塩基（酸）の濃度を求める実験操作を（　　　　　　）という。

第 4 章　酸と塩基の反応

50 滴定曲線

◎ **pH指示薬** … 水溶液のpHによって色が変わる色素。単に**指示薬**ともいう。

◎ **変色域** … 色調が変わるpHの範囲。指示薬によって異なる。

pH指示薬を用いると，変色域の前後のpHの変化を知ることができます。おもな指示薬の変色域は，次の通りです。

pH指示薬 \ pH	1	2	3	4	5	6	7	8	9	10	11
メチルオレンジ（MO）			赤 3.1	4.4 黄							
ブロモチモールブルー（BTB）						黄 6.0	7.6 青				
フェノールフタレイン（PP）								無 8.0	9.8 赤		
リトマス[1]				赤 4.5				8.3 青			

[1] リトマスは変色域が広く，変色が鋭敏ではないので，中和滴定の指示薬には用いない。

◎ **滴定曲線** … 中和滴定の進行にともなうpHの変化をグラフに表したもの。

滴定曲線の特徴

滴定曲線では，滴下した塩基（酸）の水溶液（＝検液）の体積を横軸にとり，酸・塩基の混合水溶液のpHを縦軸にとります。

① 中和点から離れるほど，pHの変化が小さい。
② 中和点に近づくほど，pHの変化が大きい。中和点付近では特に変化が大きく，滴定曲線がほぼ垂直になる。この部分を**pHジャンプ**という。
③ pHジャンプの中点が真の中和点である。中和点は必ずしも中性（pH＝7）とは限らず，使用する酸・塩基の強弱によって，酸性（pH＜7）になったり，塩基性（pH＞7）になったりする。

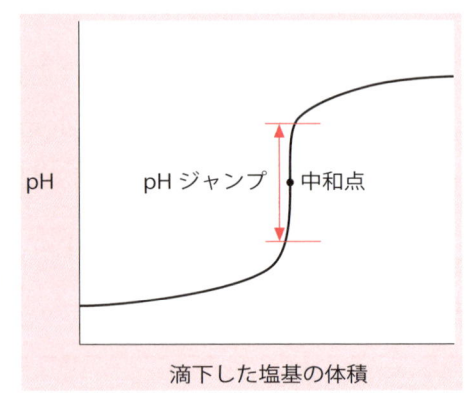

チェック問題の答え （1）pH指示薬（指示薬），変色域 （2）滴定曲線 （3）中，酸，塩基

滴定曲線のタイプと指示薬の選択

滴定曲線は，使用する酸・塩基の強弱の組み合わせで，次の4つのタイプに分けられます。

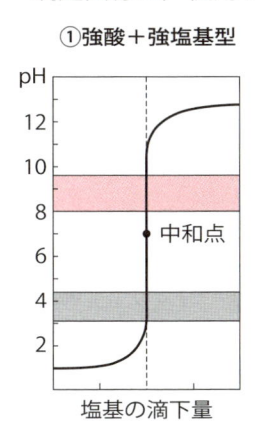

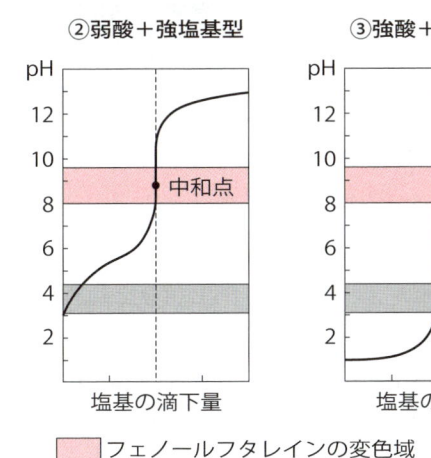

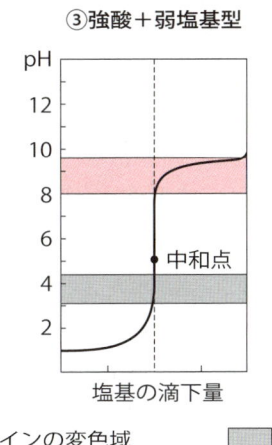

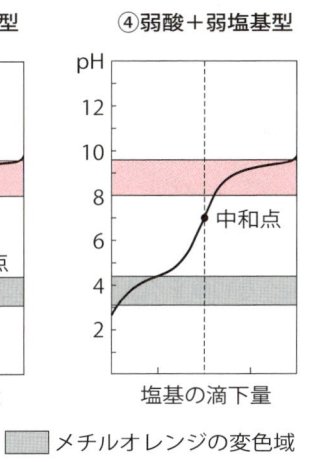

① 強酸＋強塩基型　　② 弱酸＋強塩基型　　③ 強酸＋弱塩基型　　④ 弱酸＋弱塩基型

■ フェノールフタレインの変色域　　■ メチルオレンジの変色域

① 強酸＋強塩基型

pHジャンプの範囲が広く，中和点のpHはちょうど7になる。したがって，この範囲内に変色域をもつメチルオレンジとフェノールフタレインのどちらの指示薬を使用してもよい。

② 弱酸＋強塩基型

pHジャンプの範囲は少しせまく，中和点のpHは塩基性側に偏る。したがって，この範囲内に変色域をもつフェノールフタレインしか使用できない。

③ 強酸＋弱塩基型

pHジャンプの範囲は少しせまく，中和点のpHは酸性側に偏る。したがって，この範囲内に変色域をもつメチルオレンジしか使用できない。

④ 弱酸＋弱塩基型

pHジャンプがほとんどなく，どちらの指示薬を使用しても，中和点を見つけることができない。

✏️ チェック問題

(1) 水溶液のpHによって色が変わる色素を（　　　　　　）といい，その色調が変わるpHの範囲を（　　　　　　）という。

(2) 中和滴定の進行にともなうpHの変化をグラフに表したものを（　　　　　　）という。

(3) 強酸と強塩基による中和滴定の中和点は（　　　）性，強酸と弱塩基による中和滴定の中和点は（　　　）性，弱酸と強塩基による中和滴定の中和点は（　　　）性である。

第4章　酸と塩基の反応

第4章の確認テスト

解答→別冊 p.11〜13

1 酸と塩基　←わからなければ 42, 43 へ　　　（各2点　計12点）

次の文章中の（①）〜（⑥）にあてはまる語句を答えよ。

　水溶液が酸味をもち，BTB溶液を（①）色に変え，多くの金属と反応して（②）を発生させるような物質を酸という。また，水溶液が苦味をもち，BTB溶液を（③）色に変え，フェノールフタレイン溶液を（④）色に変えるような物質を塩基という。

　アレーニウスの定義では，水溶液中で（⑤）を生じる物質が酸であり，（⑥）を生じる物質が塩基である。また，ブレンステッド・ローリーの定義では，（⑤）を与える分子やイオンが酸であり，（⑤）を受けとる分子やイオンが塩基である。

①＿＿＿＿＿　②＿＿＿＿＿　③＿＿＿＿＿　④＿＿＿＿＿
⑤＿＿＿＿＿　⑥＿＿＿＿＿

2 酸・塩基の種類とその強弱　←わからなければ 42〜44 へ　　（各2点　（完答）計24点）

次の酸・塩基の化学式と価数を書け。また，強酸，弱酸，強塩基，弱塩基のどれに分類されるかを答えよ。

(1) 塩化水素　　　　＿＿＿＿＿　＿＿＿＿＿　＿＿＿＿＿
(2) アンモニア　　　＿＿＿＿＿　＿＿＿＿＿　＿＿＿＿＿
(3) 硫酸　　　　　　＿＿＿＿＿　＿＿＿＿＿　＿＿＿＿＿
(4) 水酸化ナトリウム　＿＿＿＿＿　＿＿＿＿＿　＿＿＿＿＿
(5) 水酸化カルシウム　＿＿＿＿＿　＿＿＿＿＿　＿＿＿＿＿
(6) 酢酸　　　　　　＿＿＿＿＿　＿＿＿＿＿　＿＿＿＿＿
(7) 硝酸　　　　　　＿＿＿＿＿　＿＿＿＿＿　＿＿＿＿＿
(8) リン酸　　　　　＿＿＿＿＿　＿＿＿＿＿　＿＿＿＿＿
(9) 水酸化銅(Ⅱ)　　＿＿＿＿＿　＿＿＿＿＿　＿＿＿＿＿
(10) シュウ酸　　　　＿＿＿＿＿　＿＿＿＿＿　＿＿＿＿＿
(11) 水酸化バリウム　＿＿＿＿＿　＿＿＿＿＿　＿＿＿＿＿
(12) 炭酸　　　　　　＿＿＿＿＿　＿＿＿＿＿　＿＿＿＿＿

3 電離式 ← わからなければ 43, 44 へ　　　（各2点　計10点）

次の酸・塩基の電離式を書け。ただし，(5)は2段階に電離するようすを2つの反応式で書け。

(1) 塩化水素 HCl　　＿＿＿＿＿＿＿＿＿＿＿＿＿＿＿

(2) 硝酸 HNO₃　　＿＿＿＿＿＿＿＿＿＿＿＿＿＿＿

(3) 水酸化バリウム Ba(OH)₂　　＿＿＿＿＿＿＿＿＿＿＿＿＿＿＿

(4) アンモニア NH₃　　＿＿＿＿＿＿＿＿＿＿＿＿＿＿＿

(5) 硫酸 H₂SO₄　　＿＿＿＿＿＿＿＿＿＿＿＿＿＿＿
　　　　　　　　　　＿＿＿＿＿＿＿＿＿＿＿＿＿＿＿

4 pH ← わからなければ 46 へ　　　（各2点　計10点）

次の水溶液のpHを求めよ。ただし，必要ならばp.106の表を使ってもよい。（式量：NaOH = 40）

(1) 0.01 mol/L 塩酸　　＿＿＿＿＿＿＿＿＿＿

(2) 0.001 mol/L 水酸化ナトリウム水溶液　　＿＿＿＿＿＿＿＿＿＿

(3) 0.01 mol/L 塩酸 1 mL に純水を加えて 100 mL とした水溶液　　＿＿＿＿＿＿＿＿＿＿

(4) 0.050 mol/L 酢酸水溶液（電離度 0.020）　　＿＿＿＿＿＿＿＿＿＿

(5) 水酸化ナトリウム 0.20 g を水に溶かして 500 mL とした水溶液　　＿＿＿＿＿＿＿＿＿＿

5 中和反応式 ← わからなければ 47 へ　　　（各2点　計8点）

次の酸と塩基が完全に中和するときの反応を，化学反応式で表せ。

(1) 硫酸 H₂SO₄ と水酸化カリウム KOH　　＿＿＿＿＿＿＿＿＿＿＿＿＿＿＿

(2) 酢酸 CH₃COOH と水酸化ナトリウム NaOH　　＿＿＿＿＿＿＿＿＿＿＿＿＿＿＿

(3) 硫酸 H₂SO₄ と水酸化バリウム Ba(OH)₂　　＿＿＿＿＿＿＿＿＿＿＿＿＿＿＿

(4) 塩化水素 HCl とアンモニア NH₃　　＿＿＿＿＿＿＿＿＿＿＿＿＿＿＿

6 中和の量的関係 ← わからなければ 47 へ　　　（各3点　計9点）

次の各問いに答えよ。（式量：NaOH = 40）

(1) 0.10 mol/L 硫酸 10 mL を完全に中和するには，0.050 mol/L 水酸化ナトリウム水溶液は何 mL 必要か。　　＿＿＿＿＿＿＿＿＿＿

(2) ある濃度の塩酸 20 mL を完全に中和するには，0.050 mol/L 水酸化カルシウム水溶液が 50 mL 必要であった。この塩酸の濃度は何 mol/L か。　　＿＿＿＿＿＿＿＿＿＿

(3) 0.10 mol/L 硝酸 50 mL を完全に中和するには，水酸化ナトリウムは何 g 必要か。

　　＿＿＿＿＿＿＿＿＿＿

第4章　酸と塩基の反応

7 塩の性質　←わからなければ 44, 48 へ　　（各1点　計8点）

次の塩の水溶液は，酸性，中性，塩基性のどれを示すか。

(1) Na_2SO_4 _____　(2) NH_4NO_3 _____

(3) Na_3PO_4 _____　(4) $CuSO_4$ _____

(5) KNO_3 _____　(6) Na_2CO_3 _____

(7) CH_3COONa _____　(8) NH_4Cl _____

8 中和滴定　←わからなければ 49, 50 へ　　（各3点　計15点）

市販の食酢中の酢酸の濃度を調べるため，次の実験を行った。下の各問いに答えよ。

〔実験〕　市販の食酢を（①）で正確に 10 mL はかりとって（②）に入れ，純水でうすめて正確に 100 mL にした。この液 10 mL を（①）で正確にはかりとり，コニカルビーカーに移した。ここにフェノールフタレイン溶液を 2 滴加え，（③）から 0.10 mol/L の水酸化ナトリウム水溶液を滴下したところ，完全に中和するのに 7.2 mL を要した。

(1)　（①）～（③）にあてはまるガラス器具の名称を答えよ。

①_____　②_____　③_____

(2)　下線部について，コニカルビーカー内の溶液の色がどうなったとき，完全に中和したと判断するか。
_____

(3)　純水でうすめる前の食酢中の酢酸の濃度は何 mol/L か。　_____

9 滴定曲線　←わからなければ 50 へ　　（各2点　計4点）

右のグラフは，0.1 mol/L の酸の水溶液に 0.1 mol/L の塩基の水溶液を加えたときの滴定曲線である。この滴定曲線にあてはまる酸・塩基の組み合わせを A 群から選べ。また，中和点を見つけるのに適切な指示薬を B 群から選べ。

[A群]　ア　塩酸とアンモニア水
　　　　イ　塩酸と水酸化ナトリウム水溶液
　　　　ウ　酢酸とアンモニア水
　　　　エ　酢酸と水酸化ナトリウム水溶液

[B群]　ア　メチルオレンジだけ使用できる。　　イ　フェノールフタレインだけ使用できる。
　　　　ウ　メチルオレンジとフェノールフタレインのどちらも使用できる。
　　　　エ　メチルオレンジとフェノールフタレインのどちらも使用できない。

A群 _____　B群 _____

日常生活と酸・塩基

わたしたちの身の回りにある家庭用品を見わたしてみると，虫さされの治療に使うアンモニア水，ベーキングパウダーに使われる重曹（炭酸水素ナトリウム）水は塩基性を示し，食酢やレモン果汁，しょう油などは酸性を示します。このほか，トイレ用洗剤（塩酸）や台所・パイプ洗浄剤（水酸化ナトリウム）などは，それぞれかなり強い酸性・塩基性を示します。

また，生命の維持にも酸・塩基の反応は重要です。体内に約5Lもある血液がほぼ中性（pH＝7.4）を示すことはよく知られています。体内では酸性・塩基性のバランスが微妙に保たれていて，何らかの原因でこのバランスがくずれると，生命が危険な状態になることがあります。

血液のpHが7.1〜7.2に下がる状態を**アシドーシス（酸血症）**といいます。一方，血液のpHが7.6〜7.7に上がる状態を**アルカローシス（アルカリ血症）**といいます。

アシドーシスの原因として，呼吸器や脳の呼吸中枢の機能低下などにより，血液中の二酸化炭素濃度が高くなり，pHが低下する場合と，下痢などにより，胆汁やすい液などの塩基性の消化液を大量に失うことなどがあげられます。

一方，アルカローシスの原因として，精神的不安定などによって激しい呼吸（**過呼吸**）が起こり，血液中の二酸化炭素濃度が低くなり，pHが上昇する場合と，おう吐などにより，胃酸などの酸性の消化液を大量に失うことなどがあげられます。

ちなみに，過呼吸の発作が起こったときは，自分の呼気をもう一度吸うようにすると，血液中の二酸化炭素濃度がしだいに上昇して，発作をおさめることができるそうですよ。

51 酸化・還元の定義

◎**酸化と還元** … 酸化と還元はつねに同時に起こるので，まとめて**酸化還元反応**とよばれる。

◎**酸素の授受による酸化・還元の定義**

- 酸化 … 酸素 O を受けとった。
- 還元 … 酸素 O を失った。

> 中学校の理科で学習した酸化・還元は，酸素の授受による定義だよ。

例 加熱した酸化銅（Ⅱ）CuO を水素 H_2 と反応させると，金属の銅 Cu が得られる。

```
         酸素 O を受けとった（酸化された）
CuO  +  H₂  →  Cu  +  H₂O
         酸素 O を失った（還元された）
```

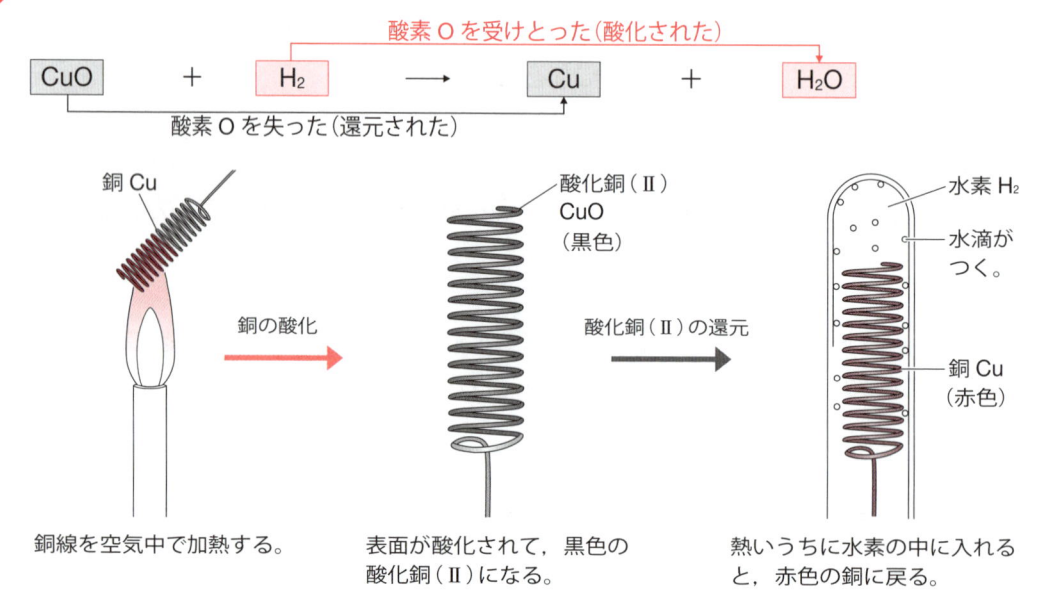

銅線を空気中で加熱する。 → 銅の酸化 → 表面が酸化されて，黒色の酸化銅（Ⅱ）になる。 → 酸化銅（Ⅱ）の還元 → 熱いうちに水素の中に入れると，赤色の銅に戻る。

◎**水素の授受による酸化・還元の定義**

- 酸化 … 水素 H を失った。
- 還元 … 水素 H を受けとった。

例 硫化水素 H_2S の水溶液に塩素 Cl_2 を通じると，単体の硫黄 S を生じて白濁する。

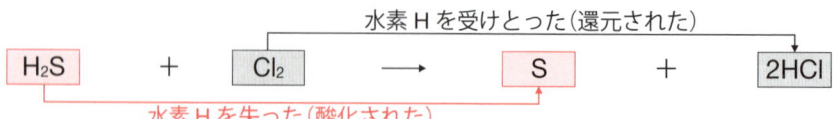

```
         水素 H を受けとった（還元された）
H₂S  +  Cl₂  →  S  +  2HCl
         水素 H を失った（酸化された）
```

チェック問題の答え　(1) 酸化還元反応　(2) 酸化，還元　(3) 還元，酸化　(4) 還元，酸化

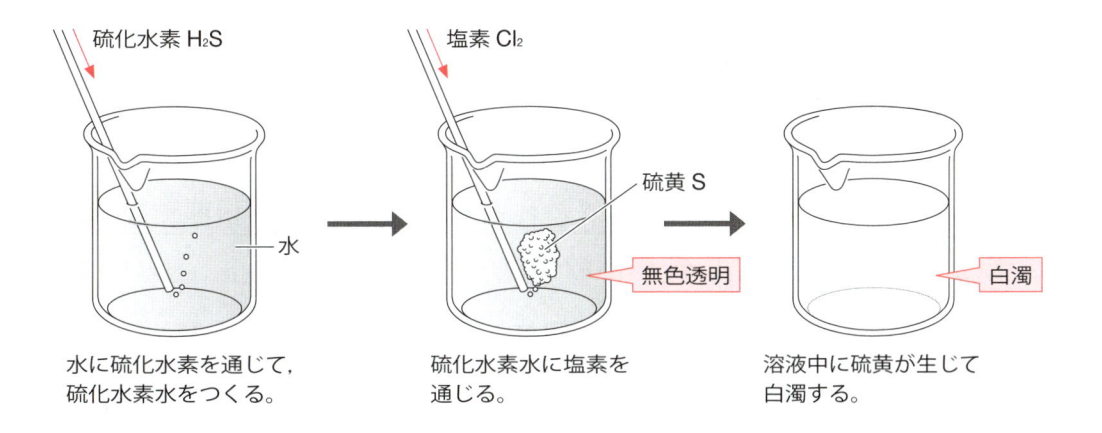

水に硫化水素を通じて，硫化水素水をつくる。 → 硫化水素水に塩素を通じる。 → 溶液中に硫黄が生じて白濁する。

◎電子の授受による酸化・還元の定義

- **酸化** … 電子 e^- を失った。
- **還元** … 電子 e^- を受けとった。

例 銅線 Cu を加熱して塩素 Cl_2 中に入れると，激しく反応して塩化銅(Ⅱ) $CuCl_2$ を生じる。

$$Cu + Cl_2 \longrightarrow CuCl_2$$

塩化銅(Ⅱ)は，銅(Ⅱ)イオン Cu^{2+} と塩化物イオン Cl^- がイオン結合した物質です。この反応を2つの反応式に分けて表すと，次のようになります。

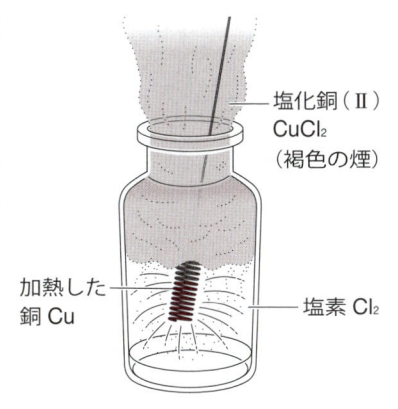

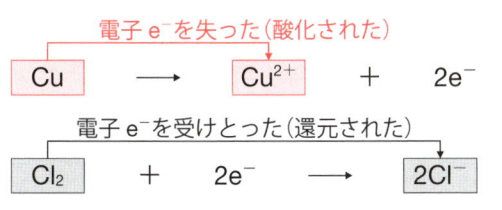

電子 e^- を失った（酸化された）
$$Cu \longrightarrow Cu^{2+} + 2e^-$$

電子 e^- を受けとった（還元された）
$$Cl_2 + 2e^- \longrightarrow 2Cl^-$$

チェック問題

(1) 酸化と還元はつねに同時に起こるので，まとめて（　　　　　　　）という。

(2) 酸素の授受による定義では，酸素を受けとった物質は（　　　）されたことになり，酸素を失った物質は（　　　）されたことになる。

(3) 水素の授受による定義では，水素を受けとった物質は（　　　）されたことになり，水素を失った物質は（　　　）されたことになる。

(4) 電子の授受による定義では，電子を受けとった物質は（　　　）されたことになり，電子を失った物質は（　　　）されたことになる。

第5章　酸化と還元

52 酸化数

◎**酸化数** … 物質中の各原子がどれくらい酸化された状態にあるか（各原子の酸化の程度）を表した数値。

- 原子が酸化されて電子を n 個失ったとき，酸化数は $+n$
- 原子が還元されて電子を n 個受けとったとき，酸化数は $-n$

酸化数は，原子1個あたりの数値で表します。電子は分割できないので，酸化数は必ず整数になります。酸化数は+1，+2，−1，−2のように，必ず符号をつけて表します。

酸化数と原子の状態

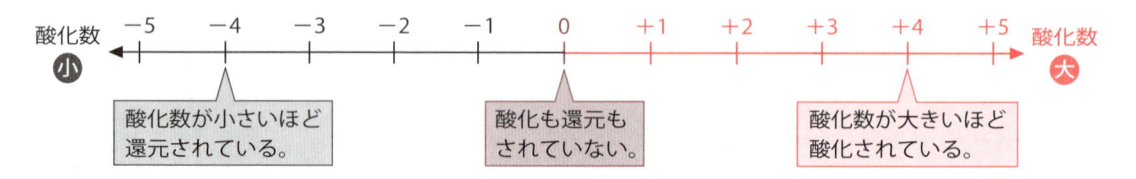

酸化数 −5 −4 −3 −2 −1 0 +1 +2 +3 +4 +5 酸化数
小 ←――――――――――――――――――――→ 大

- 酸化数が小さいほど還元されている。
- 酸化も還元もされていない。
- 酸化数が大きいほど酸化されている。

酸化数の求め方

求め方	例[*1]	
①単体中の原子の酸化数＝0	$\underline{H_2}$ 〔0〕	$\underline{Cu}$ 〔0〕
②単原子イオン中の酸化数＝イオンの電荷	$\underline{Na}^+$ 〔+1〕	$\underline{S}^{2-}$ 〔−2〕
③化合物中の原子の酸化数の和＝0 **基準** ・水素原子Hの酸化数＝+1 ・酸素原子Oの酸化数＝−2 [*2]	$\underline{N}H_3$ 〔−3〕 $x+(+1)\times 3=0$ $x=-3$	$\underline{S}O_2$ 〔+4〕 $x+(-2)\times 2=0$ $x=+4$
④多原子イオン中の原子の酸化数の和＝イオンの電荷	$\underline{S}O_4^{2-}$ 〔+6〕 $x+(-2)\times 4=-2$ $x=+6$	

[*1] 下線部の原子の酸化数を x とおいて計算している。
[*2] 過酸化水素 H_2O_2 などの過酸化物（O−Oの結合をもつ物質）中では，酸素原子の酸化数は−1である。

/チェック問題の答え (1)酸化数 (2)0 (3)+1, −2, 0 (4)電荷 (5)酸化, 還元

例1 硝酸 HNO₃ 中の窒素原子 N の酸化数

水素原子 H の酸化数は+1, 酸素原子 O の酸化数は-2 です。
窒素原子 N の酸化数を x とおくと,
$$(+1)+x+(-2)\times3=0 \quad x=+5$$

例2 過マンガン酸カリウム KMnO₄ 中のマンガン原子 Mn の酸化数

過マンガン酸カリウムはイオン結晶をつくる物質で, 水中では次のように電離します。
$$KMnO_4 \longrightarrow K^+ + MnO_4^-$$
過マンガン酸イオン MnO₄⁻ について, 酸素原子 O の酸化数は-2 です。
マンガン原子 Mn の酸化数を x とおくと,
$$x+(-2)\times4=-1 \quad x=+7$$

◎酸化数の変化による酸化・還元の定義

- **酸化** … 酸化数が<u>増加</u>した。
- **還元** … 酸化数が<u>減少</u>した。

> 電子の授受による定義では,
> 酸化…電子を失う
> 還元…電子を受けとる
> だったね。

例 金属ナトリウム Na を水 H₂O に入れると激しく反応し, 水素 H₂ が発生する。

酸化数が減少した(還元された)
$$2Na + 2H_2O \longrightarrow 2NaOH + H_2$$
〔0〕　　〔+1〕　　　　〔+1〕　　　〔0〕
酸化数が増加した(酸化された)

一般に, 単体が化合物に変化する反応や, 化合物が単体に変化する反応は, 酸化還元反応です。

チェック問題

(1) 物質中の各原子の酸化の程度を表した数値を(　　　　)という。

(2) 単体中の原子の酸化数は(　　　　)である。

(3) 化合物中では, 水素原子の酸化数を(　　　　), 酸素原子の酸化数を(　　　　)とする。また, 化合物を構成する原子の酸化数の和は(　　　　)になる。

(4) 多原子イオンでは, イオンを構成する原子の酸化数の和はイオンの(　　　　)と等しくなる。

(5) 酸化数の増減による定義では, 酸化数が増加した原子を含む物質は(　　　　)されたことになり, 酸化数が減少した原子を含む物質は(　　　　)されたことになる。

第5章 酸化と還元

53 酸化剤と還元剤

◎**酸化剤**…酸化還元反応において，相手を酸化する物質。
◎**還元剤**…酸化還元反応において，相手を還元する物質。

| 酸化剤 | ＝ | 相手を酸化する | ＝ | 相手は電子を失う | ＝ | 自身は電子を受けとる | ＝ | 自身は還元される |
| 還元剤 | ＝ | 相手を還元する | ＝ | 相手は電子を受けとる | ＝ | 自身は電子を失う | ＝ | 自身は酸化される |

還元剤
相手に電子を与える
（相手を還元する）
→ 電子 e⁻ →
酸化剤
相手から電子を受けとる
（相手を酸化する）

「相手を酸化する薬剤」だから酸化剤，「相手を還元する薬剤」だから還元剤だよ。

おもな酸化剤と還元剤

	物質の名称	化学式	酸化数[*1]
酸化剤	過酸化水素[*2]	H₂O₂	−1
	過マンガン酸カリウム	KMnO₄	+7
	二クロム酸カリウム	K₂Cr₂O₇	+6
	ハロゲン	Cl₂, Br₂, I₂ など	0
	希硝酸	HNO₃	+5
	濃硝酸	HNO₃	+5
	二酸化硫黄[*2]	SO₂	+4
還元剤	アルカリ金属	Na, K など	0
	硫化水素	H₂S	−2
	二酸化硫黄[*2]	SO₂	+4
	ヨウ化カリウム	KI	−1
	過酸化水素[*2]	H₂O₂	−1
	シュウ酸	(COOH)₂	+3
	硫酸鉄(Ⅱ)	FeSO₄	+2

中心原子の酸化数が高い物質は，相手から電子を奪って酸化数を低くしようとする傾向が大きい。
→酸化剤としてはたらく。

中心原子の酸化数が低い物質は，相手に電子を与えて酸化数を高くしようとする傾向が大きい。
→還元剤としてはたらく。

[*1] 化学式に下線をつけた原子（中心原子）の酸化数を示す。
[*2] 過酸化水素や二酸化硫黄は，相手の物質によって酸化剤としてはたらくか還元剤としてはたらくかが変わる。

チェック問題の答え (1)酸化剤，還元剤 (2)還元，酸化

原子がとりうる酸化数の範囲

原子がとりうる酸化数の範囲は，原子ごとに決まっています。各原子がとりうる最も高い酸化数を最高酸化数，最も低い酸化数を最低酸化数といいます。非金属元素の原子には正の酸化数も負の酸化数も存在しますが，金属元素の原子には正の酸化数しか存在しません。

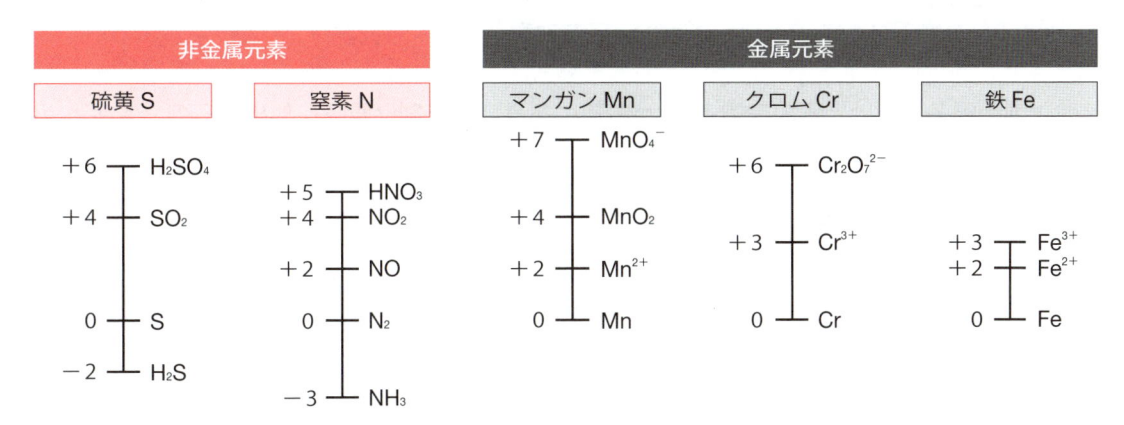

非金属元素

硫黄 S
- +6 ― H_2SO_4
- +4 ― SO_2
- 0 ― S
- −2 ― H_2S

窒素 N
- +5 ― HNO_3
- +4 ― NO_2
- +2 ― NO
- 0 ― N_2
- −3 ― NH_3

金属元素

マンガン Mn
- +7 ― MnO_4^-
- +4 ― MnO_2
- +2 ― Mn^{2+}
- 0 ― Mn

クロム Cr
- +6 ― $Cr_2O_7^{2-}$
- +3 ― Cr^{3+}
- 0 ― Cr

鉄 Fe
- +3 ― Fe^{3+}
- +2 ― Fe^{2+}
- 0 ― Fe

硫酸 H_2SO_4 や硝酸 HNO_3 のように最高酸化数をとっている非金属元素の化合物や，過マンガン酸イオン MnO_4^- や二クロム酸イオン $Cr_2O_7^{2-}$ のように最高酸化数をとっている金属元素のイオンは，**酸化剤としてだけはたらきます**[*3]。

これに対し，硫化水素 H_2S のように最低酸化数をとっている非金属元素の化合物や，鉄 Fe やナトリウム Na のように最低酸化数をとっている金属元素の単体は，**還元剤としてだけはたらきます**[*4]。

*3 酸化数が減少する（自身が還元される＝相手を酸化する）方向でしか反応できないため。
*4 酸化数が増加する（自身が酸化される＝相手を還元する）方向でしか反応できないため。

参考 非金属元素の最高酸化数と最低酸化数

フッ素 F と酸素 O を除く非金属元素の原子が最高酸化数をとっているときは，価電子をすべて失った状態です。したがって，最高酸化数は，その原子の価電子の数と等しくなります。
また，最低酸化数をとっているときは，最外殻に電子が 8 個入り，閉殻となった状態です。したがって，最低酸化数は，（その原子の価電子の数）−8 となります。

チェック問題

(1) 酸化還元反応において，相手を酸化する物質を（　　　　）といい，相手を還元する物質を（　　　　）という。

(2) 酸化剤は相手から電子を受けとり，自身は（　　　　）される。還元剤は相手に電子を与え，自身は（　　　　）される。

第 5 章　酸化と還元

54 酸化剤・還元剤の半反応式

◎**半反応式** … 水溶液中で酸化剤・還元剤がどのようにはたらくかを電子 e⁻ を用いて表したイオン反応式。

酸化剤は電子を受けとるので電子 e⁻ が左辺にあり，還元剤は電子を放出するので電子 e⁻ が右辺にあります。

おもな酸化剤・還元剤の半反応式

	物質の名称	半反応式[*1]
酸化剤	過酸化水素（酸性）	$H_2O_2 + 2H^+ + 2e^- \longrightarrow 2H_2O$
	過マンガン酸カリウム（酸性）	$MnO_4^- + 8H^+ + 5e^- \longrightarrow Mn^{2+} + 4H_2O$
	二クロム酸カリウム（酸性）	$Cr_2O_7^{2-} + 14H^+ + 6e^- \longrightarrow 2Cr^{3+} + 7H_2O$
	ハロゲン	$Cl_2 + 2e^- \longrightarrow 2Cl^-$
	希硝酸	$HNO_3 + 3H^+ + 3e^- \longrightarrow NO + 2H_2O$
	濃硝酸	$HNO_3 + H^+ + e^- \longrightarrow NO_2 + H_2O$
	二酸化硫黄	$SO_2 + 4H^+ + 4e^- \longrightarrow S + 2H_2O$
還元剤	アルカリ金属	$Na \longrightarrow Na^+ + e^-$
	硫化水素	$H_2S \longrightarrow S + 2H^+ + 2e^-$
	二酸化硫黄	$SO_2 + 2H_2O \longrightarrow SO_4^{2-} + 4H^+ + 2e^-$
	ヨウ化カリウム	$2I^- \longrightarrow I_2 + 2e^-$
	過酸化水素	$H_2O_2 \longrightarrow O_2 + 2H^+ + 2e^-$
	シュウ酸	$(COOH)_2 \longrightarrow 2CO_2 + 2H^+ + 2e^-$
	硫酸鉄（Ⅱ）	$Fe^{2+} \longrightarrow Fe^{3+} + e^-$

[*1] ■は反応物，■は生成物を示す。

半反応式のつくり方

半反応式は，酸化剤・還元剤自身（上の表の■■■）がどのような物質に変化するか（生成物，上の表の■■■）を覚えておけば，次の手順で簡単につくることができます。

❶ 酸化剤・還元剤を左辺，生成物を右辺に化学式で書く。
❷ 両辺の酸素原子 O の数は，水分子 H_2O で合わせる。
❸ 両辺の水素原子 H の数は，水素イオン H^+ で合わせる。
❹ 両辺の電荷のつり合いは，電子 e⁻ で合わせる。

> 反応物がイオン結晶をつくる物質の場合は，反応に関係するイオンだけを書きます。

例1 過マンガン酸カリウム $KMnO_4$ の酸化剤としての半反応式（酸性条件下）

❶ $KMnO_4$ は水中ではカリウムイオン K^+ と過マンガン酸イオン MnO_4^- に電離する。このうち，反応に関係するのは MnO_4^- だけである。MnO_4^- は，酸性条件下ではマンガン(Ⅱ)イオン Mn^{2+} に変化する。

$$MnO_4^- \longrightarrow Mn^{2+}$$

❷ 酸素原子 O の数を合わせる。O 原子は左辺に 4 個あるので，右辺に水分子 H_2O を 4 個加える。

$$MnO_4^- \longrightarrow Mn^{2+} + 4H_2O$$

❸ 水素原子 H の数を合わせる。H 原子は右辺に 8 個あるので，左辺に水素イオン H^+ を 8 個加える。

$$MnO_4^- + 8H^+ \longrightarrow Mn^{2+} + 4H_2O$$

❹ 電荷を合わせる。左辺の電荷の和は＋7，右辺の電荷の和は＋2 なので，左辺に電子 e^- を 5 個加える。

$$\mathbf{MnO_4^- + 8H^+ + 5e^- \longrightarrow Mn^{2+} + 4H_2O}$$

例2 シュウ酸 $(COOH)_2$ の還元剤としての半反応式

❶ $(COOH)_2$ が還元剤としてはたらくと，二酸化炭素 CO_2 に変化する。

$$(COOH)_2 \longrightarrow 2CO_2$$

❷ 酸素原子 O の数は等しく合っている。

❸ 水素原子 H の数を合わせる。H 原子は左辺に 2 個あるので，右辺に水素イオン H^+ を 2 個加える。

$$(COOH)_2 \longrightarrow 2CO_2 + 2H^+$$

❹ 電荷を合わせる。左辺の電荷の和は 0，右辺の電荷の和は＋2 なので，右辺に電子 e^- を 2 個加える。

$$\mathbf{(COOH)_2 \longrightarrow 2CO_2 + 2H^+ + 2e^-}$$

第 5 章　酸化と還元

チェック問題

(1) 水溶液中で酸化剤・還元剤がどのようにはたらくかを電子を用いて表したイオン反応式を（　　　　　　　　）という。

55 酸化還元反応式

酸化還元反応式のつくり方

❶ 酸化剤・還元剤の半反応式をそれぞれつくる。

❷ 2つの半反応式の電子 e^- の係数が等しくなるように，半反応式を何倍かする。2つの半反応式をたし合わせると e^- が消去され，1つのイオン反応式が得られる。

❸ 反応に関係しなかったイオンを両辺に加えて，両辺の電荷がともに0になるようにすると，酸化還元反応の化学反応式が得られる。

例1 過酸化水素 H_2O_2（酸化剤）とヨウ化カリウム KI（還元剤）の反応（硫酸酸性）

❶硫酸酸性の条件で H_2O_2 が酸化剤としてはたらくと，水 H_2O が生成する。

$$H_2O_2 + 2H^+ + 2e^- \longrightarrow 2H_2O \quad \cdots\cdots ①$$

ヨウ化カリウム KI は水中ではカリウムイオン K^+ とヨウ化物イオン I^- に電離する。このうち，反応に関係するのは I^- だけである。I^- が還元剤としてはたらくと，ヨウ素 I_2 が生成する。

$$2I^- \longrightarrow I_2 + 2e^- \quad \cdots\cdots ②$$

❷①式と②式の電子 e^- の数は等しくなっているので，そのままたし合わせて，e^- を消去する。

$$H_2O_2 + 2H^+ + 2I^- \longrightarrow 2H_2O + I_2 \quad \cdots\cdots ③$$

❸③式の両辺に，反応に関係しなかった K^+ と硫酸イオン SO_4^{2-} を電荷が0になるように加え，式を整理する。

$$H_2O_2 + H_2SO_4 + 2KI \longrightarrow 2H_2O + I_2 + K_2SO_4$$

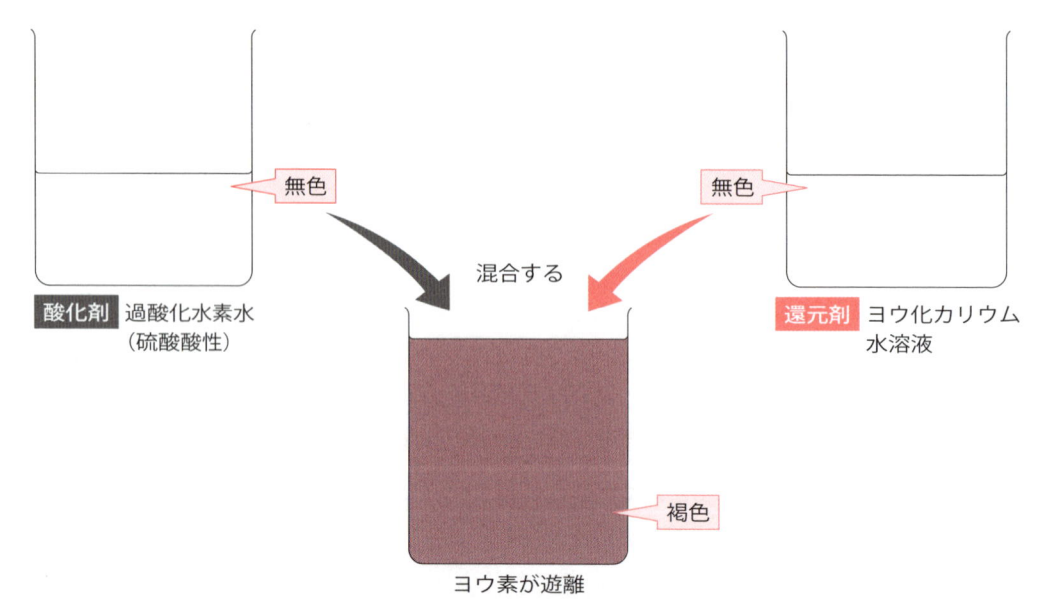

酸化剤 過酸化水素水（硫酸酸性）〔無色〕 + 還元剤 ヨウ化カリウム水溶液〔無色〕 →混合する→ 褐色（ヨウ素が遊離）

チェック問題の答え (1) イオン反応式, 化学反応式

例2 過マンガン酸カリウム KMnO₄（酸化剤）と過酸化水素 H₂O₂（還元剤）の反応（硫酸酸性）

❶ KMnO₄ は水中ではカリウムイオン K⁺ と過マンガン酸イオン MnO₄⁻ に電離する。このうち，反応に関係するのは MnO₄⁻ だけである。MnO₄⁻ が酸性条件下で酸化剤としてはたらくと，マンガン（Ⅱ）イオン Mn²⁺ が生成する。

$$MnO_4^- + 8H^+ + 5e^- \longrightarrow Mn^{2+} + 4H_2O \quad \cdots\cdots ①$$

H₂O₂ は通常は酸化剤としてはたらくが，KMnO₄ などの強い酸化剤に対しては還元剤としてはたらく。H₂O₂ が還元剤としてはたらくと，酸素 O₂ が生成する。

$$H_2O_2 \longrightarrow O_2 + 2H^+ + 2e^- \quad \cdots\cdots ②$$

❷ ①式を2倍，②式を5倍して，電子 e⁻ の数を等しくする。これらをたし合わせて，e⁻ を消去する。

$$2MnO_4^- + 6H^+ + 5H_2O_2 \longrightarrow 2Mn^{2+} + 8H_2O + 5O_2 \quad \cdots\cdots ③$$

❸ ③式の両辺に，反応に関係しなかった K⁺ と硫酸イオン SO₄²⁻ を電荷が0になるように加え，式を整理する。

$$2KMnO_4 + 3H_2SO_4 + 5H_2O_2 \longrightarrow 2MnSO_4 + 8H_2O + 5O_2 + K_2SO_4$$

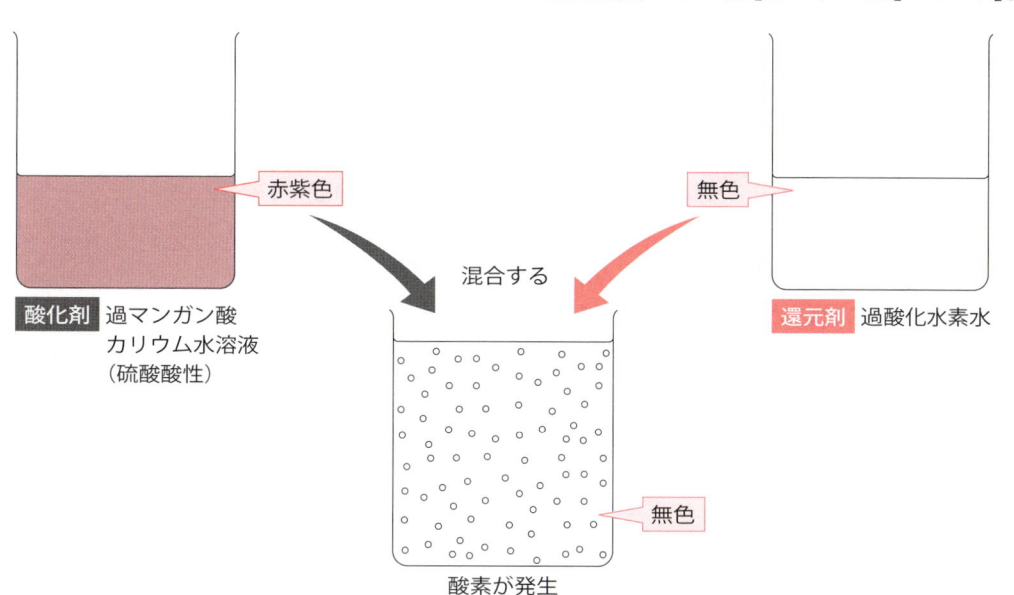

赤紫色　　　　　　　　　　無色

混合する

酸化剤 過マンガン酸カリウム水溶液（硫酸酸性）

還元剤 過酸化水素水

無色

酸素が発生

第5章　酸化と還元

チェック問題

(1) 酸化剤の半反応式と還元剤の半反応式をそれぞれ何倍かして電子の数を等しくし，これらをたし合わせると，1つの（　　　　　　　　　　）が得られる。これに反応に関係しなかったイオンを加えて，両辺の電荷がともに0になるようにすると，酸化還元反応の（　　　　　　　　　　）が得られる。

56 酸化還元滴定

◎**酸化還元滴定** … 濃度が正確にわかっている酸化剤(還元剤)の標準溶液を用いて，**濃度不明の還元剤(酸化剤)濃度を求める**操作。

酸化還元滴定の留意点

① 用いる器具とその操作方法は，中和滴定のときと同じである(→49)。
② 酸化剤が受けとる電子 e^- の数(物質量)と，還元剤が放出する電子 e^- の数(物質量)が等しいとき，酸化剤と還元剤は過不足なく反応する。酸化還元反応の終点では次の式が成り立つ。

> (酸化剤が受けとった電子 e^- の物質量) ＝ (還元剤が放出した電子 e^- の物質量)

③ 多くは特別な指示薬は用いず，酸化剤・還元剤自身の色の変化から滴定の終点を判断する。

◎**過マンガン酸塩滴定** … MnO_4^-(赤紫色) → Mn^{2+}(無色)という色の変化を利用して行う酸化還元滴定。溶液の色が**無色**から**淡赤色**になる(MnO_4^- の赤紫色が消えなくなる)ときが，滴定の終点。

例 過酸化水素水の濃度を，過マンガン酸塩滴定で求める

濃度不明の過酸化水素(H_2O_2)水(還元剤)の一定量をコニカルビーカーに入れ，希硫酸を加えて酸性にします。ここに，濃度がわかっている過マンガン酸カリウム($KMnO_4$)水溶液(酸化剤)をビュレットから滴下し，反応の終点までの滴下量を求めます。

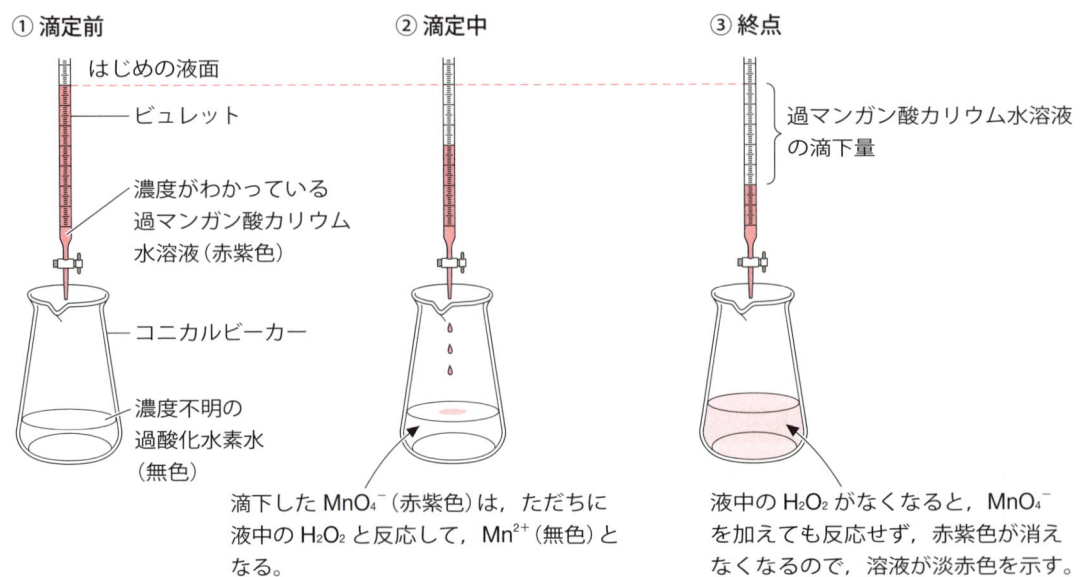

① 滴定前
- はじめの液面
- ビュレット
- 濃度がわかっている過マンガン酸カリウム水溶液(赤紫色)
- コニカルビーカー
- 濃度不明の過酸化水素水(無色)

② 滴定中
滴下した MnO_4^-(赤紫色)は，ただちに液中の H_2O_2 と反応して，Mn^{2+}(無色)となる。

③ 終点
- 過マンガン酸カリウム水溶液の滴下量

液中の H_2O_2 がなくなると，MnO_4^- を加えても反応せず，赤紫色が消えなくなるので，溶液が淡赤色を示す。

チェック問題の答え (1)酸化還元滴定 (2)終点 (3)酸化，指示

問題 濃度不明の過酸化水素(H_2O_2)水 20 mL に希硫酸を加え，酸性にした。この溶液に $2.0×10^{-2}$ mol/L の過マンガン酸カリウム($KMnO_4$)水溶液を滴下していくと，16 mL 滴下したとき，過マンガン酸イオン MnO_4^- の赤紫色が消えなくなり，溶液全体が淡赤色になった。この過酸化水素水の濃度は何 mol/L か。

解説 酸化還元滴定では，授受した電子の物質量が等しくなるとき，反応の終点となります。したがって，使用した酸化剤と還元剤の半反応式をそれぞれ書き，酸化剤・還元剤と電子 e^- の係数の比を確実に読みとる必要があります。

酸化剤は $KMnO_4$ で，半反応式は①式で表されます。

$$MnO_4^- + 8H^+ + 5e^- \longrightarrow Mn^{2+} + 4H_2O \quad \cdots\cdots ①$$

還元剤は H_2O_2 で，半反応式は②式で表されます。

$$H_2O_2 \longrightarrow O_2 + 2H^+ + 2e^- \quad \cdots\cdots ②$$

酸化還元反応の終点では，次の関係が成り立ちます。

（酸化剤が受けとった e^- の物質量）＝（還元剤が放出した e^- の物質量）

ここで，①式より MnO_4^- 1 mol は電子 e^- 5 mol を受けとり，②式より H_2O_2 1 mol は電子 e^- 2 mol を放出することがわかります。したがって，求める過酸化水素水のモル濃度を x〔mol/L〕とすると，

$$\underbrace{2.0×10^{-2} \text{ mol/L} × \frac{16}{1000} \text{L} × 5}_{MnO_4^- \text{が受けとった} e^- \text{の物質量〔mol〕}} = \underbrace{x\text{〔mol/L〕} × \frac{20}{1000} \text{L} × 2}_{H_2O_2 \text{が放出した} e^- \text{の物質量〔mol〕}}$$

これを解くと，$x = \mathbf{4.0×10^{-2}}$ **mol/L** ……… 答

チェック問題

(1) 酸化還元反応を利用して，酸化剤（還元剤）の濃度を求める操作を（　　　　　　　）という。

(2) 酸化剤が受けとった電子の物質量と，還元剤が放出した電子の物質量が等しくなったとき，その酸化還元滴定は（　　　　　　）となる。

(3) 硫酸酸性の過マンガン酸カリウム $KMnO_4$ 水溶液を用いた酸化還元滴定では，$KMnO_4$ は（　　　　）剤であるとともに，（　　　　）薬の役割も果たしている。

57 金属のイオン化傾向

◎**金属のイオン化傾向** … 金属が水溶液中で陽イオンになろうとする性質。

銅 Cu と銀 Ag のイオン化傾向の大小を調べる実験

銀イオン Ag^+ を含む水溶液に銅 Cu を入れると，銅の表面に銀が樹枝状に析出します（銀樹）。一方，溶液中には銅（Ⅱ）イオンが生じて，わずかに青色に着色します。このときの反応は，次のイオン反応式で表されます。

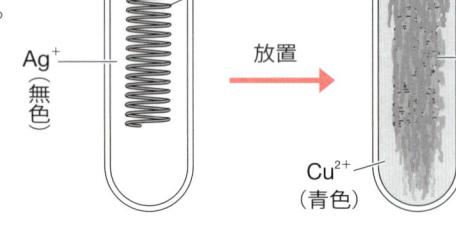

$Cu \longrightarrow Cu^{2+} + 2e^-$

$Ag^+ + e^- \longrightarrow Ag$

したがって，イオン化傾向は Cu ＞ Ag だとわかります。

◎**イオン化列** … 金属をイオン化傾向が大きい順に並べたもの。

おもな金属のイオン化列

> イオン化列は金属の反応性を理解するうえで重要な指標となるので，必ず覚えておこう！

大 ← イオン化傾向 → 小

Li　K　Ca　Na　Mg　Al　Zn　Fe　Ni　Sn　Pb　(H₂)*¹　Cu　Hg　Ag　Pt　Au

（覚え方）リッチに　貸そう　か　な，　ま　あ　あ　て　に　すん　な　ひ　ど　す　ぎる　借　金

酸化されやすい ← → 酸化されにくい

金属の反応性：大 ← → 金属の反応性：小

*¹ 水素 H₂ は金属ではないが，陽イオン H^+ になるので入れてある。

金属と空気（常温）の反応

① Li〜Na は，空気中ですみやかに内部まで酸化される。
② Mg〜Cu は，空気中で徐々に表面が酸化される。
③ Hg〜Au は，空気中では酸化されない。

チェック問題の答え　(1) 金属のイオン化傾向　(2) イオン化列　(3) 酸化

金属と水の反応

① Li～Na は，常温で水と激しく反応して水素 H_2 を発生させる。

$2Na + 2H_2O \longrightarrow 2NaOH + H_2$

② Mg は，常温の水とは反応しないが，熱水とは反応して水素を発生させる。

③ Al～Fe は，熱水とも反応しないが，高温の水蒸気と反応して水素を発生させる。

$3Fe + 4H_2O \rightleftharpoons Fe_3O_4 + 4H_2$

④ Ni～Au は，水とは反応しない。

金属と酸の反応

① 水素よりイオン化傾向が大きい金属（Li～Pb）は，塩酸や希硫酸と反応して水素 H_2 を発生させる。[*2]

$Zn + 2HCl \longrightarrow ZnCl_2 + H_2$

[*2] Pb を塩酸や希硫酸に入れると，表面に水に溶けにくい $PbCl_2$ や $PbSO_4$ ができるため，ほとんど溶けない。また，Al，Fe，Ni を濃硝酸に入れると，表面にち密な酸化物の被膜ができて内部が保護された状態（**不動態**）になるため，溶けない。

② Cu，Hg，Ag は，酸化力が強い硝酸や熱濃硫酸とは反応して溶ける。

$Cu + 4HNO_3(濃) \longrightarrow Cu(NO_3)_2 + 2NO_2 + 2H_2O$

$3Cu + 8HNO_3(希) \longrightarrow 3Cu(NO_3)_2 + 2NO + 4H_2O$

$Cu + 2H_2SO_4(熱濃) \longrightarrow CuSO_4 + SO_2 + 2H_2O$

③ Pt，Au は，酸化作用がきわめて強い王水[*3]にしか溶けない。

[*3] 濃硝酸と濃塩酸を体積比 1：3 で混合した溶液。

イオン化列	Li	K	Ca	Na	Mg	Al	Zn	Fe	Ni	Sn	Pb	(H_2)	Cu	Hg	Ag	Pt	Au
常温の空気との反応	すみやかに酸化される。				徐々に表面が酸化される。								酸化されない。				
水との反応	常温の水と反応する。				熱水と反応する。	高温の水蒸気と反応する。			反応しない。								
酸との反応	塩酸や希硫酸と反応して溶ける。												硝酸や熱濃硫酸には溶ける。			王水には溶ける。	

チェック問題

(1) 金属が水溶液中で陽イオンになろうとする性質を（　　　　　　　　）という。

(2) 金属をイオン化傾向が大きい順に並べたものを（　　　　　　　）という。

(3) イオン化傾向が大きい金属ほど，電子を放出しやすく，（　　　　　）されやすい。

58 電池の原理

　中学校で学習したように，イオン化傾向が異なる2種類の金属を電解質の水溶液（電解液）に浸し，両金属を導線で結ぶと，電池ができます。

◎**電池** … 酸化還元反応を利用して電気エネルギーをとり出す装置。
◎**負極** … 酸化反応が起こり，外部に電子が流れ出す電極。
◎**正極** … 外部から電子が流れこみ，還元反応が起こる電極。
◎**起電力** … 正極と負極の間に生じる電位差（電圧）。
◎**負極活物質** … 電池の負極で還元剤としてはたらく物質。
◎**正極活物質** … 電池の正極で酸化剤としてはたらく物質。

　一般的な電池では，電子を放出しやすい物質（還元剤＝負極活物質）による酸化反応と，電子を受けとりやすい物質（酸化剤＝正極活物質）による還元反応を別々の場所で行わせ，その間を導線で結ぶことによって継続的な電子の流れ（電流）を生み出しています。

> 電流の向きは，電池の正極→負極。電子が移動する向きは，電池の負極→正極。

例　電池の構造（イオン化傾向は A ＞ B）

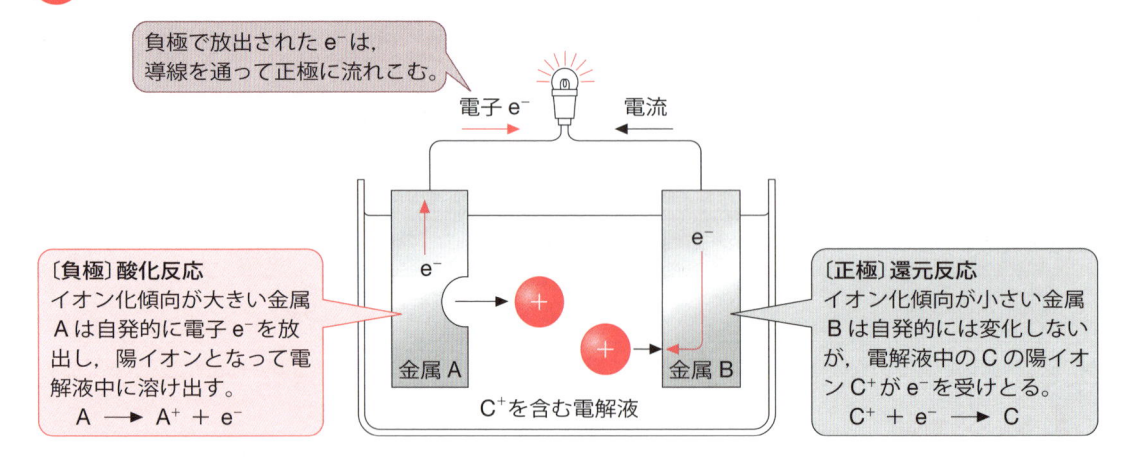

- 負極で放出された e⁻ は，導線を通って正極に流れこむ。
- 〔負極〕酸化反応　イオン化傾向が大きい金属Aは自発的に電子 e⁻ を放出し，陽イオンとなって電解液中に溶け出す。
  A ⟶ A⁺ ＋ e⁻
- 〔正極〕還元反応　イオン化傾向が小さい金属Bは自発的には変化しないが，電解液中のCの陽イオンC⁺がe⁻を受けとる。
  C⁺ ＋ e⁻ ⟶ C

（図：金属A／C⁺を含む電解液／金属B）

参考　ボルタ電池

　亜鉛板と銅板を希硫酸に浸し，導線でつないだ構造の電池を**ボルタ電池**といいます。ボルタ電池の起電力は約1.1 Vですが，電流が流れ出すとすぐに起電力が約0.4 Vまで低下する（**分極**）という欠点がありました。この欠点が改善された電池が，p.135のダニエル電池です。

チェック問題の答え　(1) 電池　(2) 負極，正極　(3) 起電力

◎**ダニエル電池**[*1] … 銅板を濃い硫酸銅(Ⅱ)水溶液に浸した部分と，亜鉛板をうすい硫酸亜鉛水溶液に浸した部分を，素焼き板で隔てるようにして組み合わせた電池。1836年に，ダニエル(イギリス)が考案した。

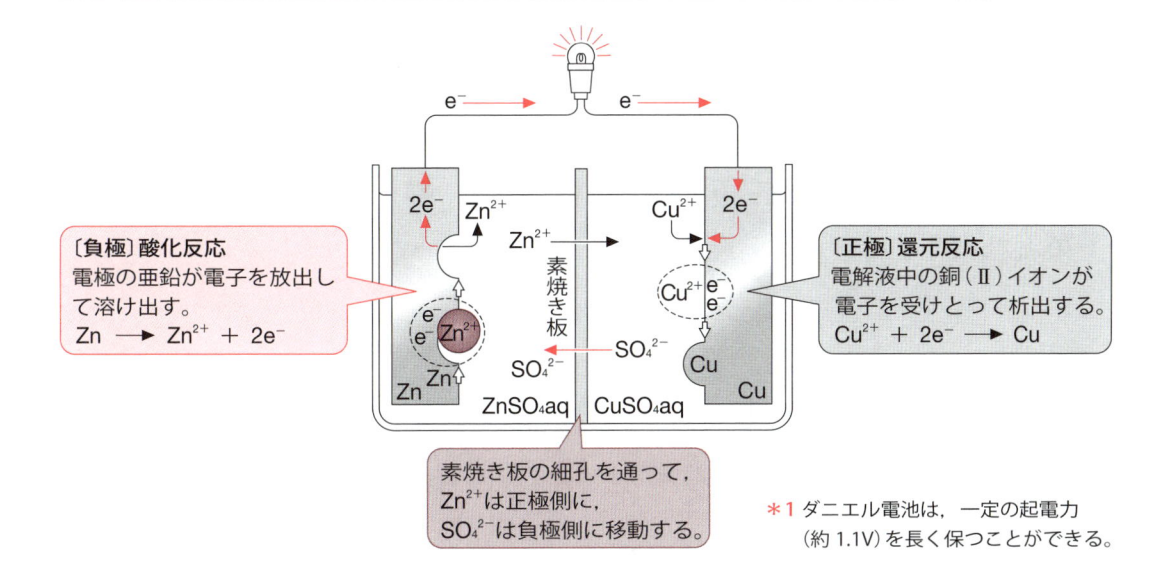

〔負極〕酸化反応
電極の亜鉛が電子を放出して溶け出す。
$Zn \longrightarrow Zn^{2+} + 2e^-$

〔正極〕還元反応
電解液中の銅(Ⅱ)イオンが電子を受けとって析出する。
$Cu^{2+} + 2e^- \longrightarrow Cu$

素焼き板の細孔を通って，Zn^{2+}は正極側に，SO_4^{2-}は負極側に移動する。

*1 ダニエル電池は，一定の起電力（約1.1V）を長く保つことができる。

◎**放電** … 電池から電流をとり出す操作。放電により，電池の起電力はしだいに低下する。

◎**充電** … 電池の起電力を回復させる操作。電池に放電時とは逆向きの電流を流し，放電時とは逆の反応を起こす。

◎**一次電池** … 充電ができない使い切りの電池。

◎**二次電池** … 充電が可能で，繰り返し使える電池。**蓄電池**ともいう。

チェック問題

(1) 酸化還元反応を利用して電気エネルギーをとり出す装置を(　　　)という。

(2) 電池で，酸化反応が起こり，外部に電子が流れ出す電極を(　　　)といい，外部から電子が流れこみ，還元反応が起こる電極を(　　　)という。

(3) 電池の正極と負極の間に生じる電位差(電圧)を(　　　)という。

第5章　酸化と還元

59 電気分解

◎**電気分解** … 電解質の水溶液に電極を入れ，外部から直流電流を流して電解質に酸化還元反応を起こす操作。

◎**陰極** … 外部電源の負極とつないだ電極。電子が流れこみ，還元反応が起こる。

◎**陽極** … 外部電源の正極とつないだ電極。酸化反応が起こり，電子が流れ出す。

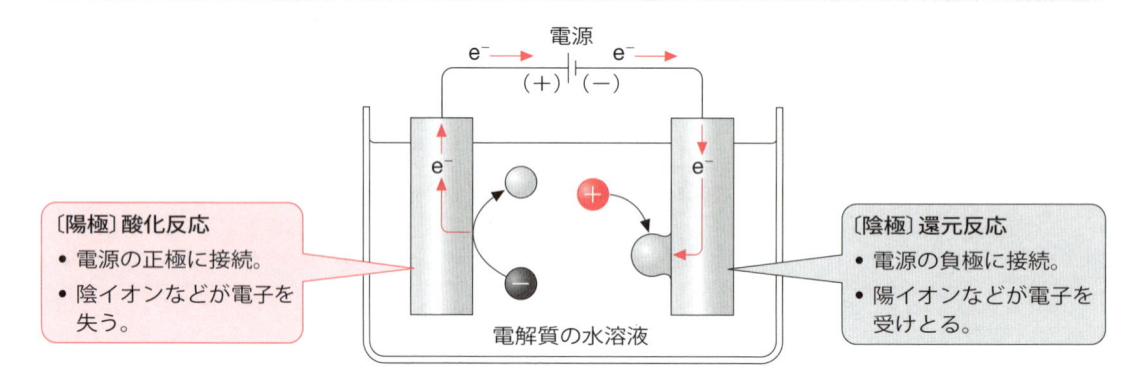

〔陽極〕酸化反応
- 電源の正極に接続。
- 陰イオンなどが電子を失う。

〔陰極〕還元反応
- 電源の負極に接続。
- 陽イオンなどが電子を受けとる。

陰極での反応

陰極には電子 e^- が流れこみ，最も還元されやすい物質が電子を受けとります。

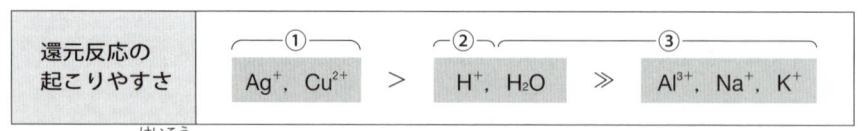

還元反応の 起こりやすさ	① Ag^+, Cu^{2+}	>	② H^+, H_2O	≫	③ Al^{3+}, Na^+, K^+

① イオン化傾向が小さい金属のイオンは容易に還元され，金属単体として析出する。

$Ag^+ + e^- \longrightarrow Ag$

$Cu^{2+} + 2e^- \longrightarrow Cu$

② 酸性の水溶液では，水素イオン H^+ が還元されて水素 H_2 が発生する。

$2H^+ + 2e^- \longrightarrow H_2$

③ イオン化傾向が大きい金属のイオンは還元されない。かわりに水 H_2O が還元され，水素が発生する。

$2H_2O + 2e^- \longrightarrow H_2 + 2OH^-$

陽極での反応

陽極では最も酸化されやすい物質が電子を失い，電子 e^- が流れ出します。陽極での反応は，電極に使う物質が何かによっても変わります。

136　チェック問題の答え　(1) 電気分解　(2) 陽極，酸化，陰極，還元

＜電極に白金 Pt，炭素 C を用いた場合＞

| 酸化反応の起こりやすさ | ①I⁻，Br⁻，Cl⁻ | ＞ | ②OH⁻，H₂O | ≫ | ③NO₃⁻，SO₄²⁻ |

① ハロゲンの陰イオンは容易に酸化されて，ハロゲンの単体を生成する。

　　$2Cl^- \longrightarrow Cl_2 + 2e^-$

② 塩基性の水溶液では，水酸化物イオン OH⁻ が酸化され，酸素 O₂ が発生する。

　　$4OH^- \longrightarrow 2H_2O + O_2 + 4e^-$

③ 硝酸イオン NO₃⁻ や硫酸イオン SO₄²⁻ は酸化されない。かわりに水 H₂O が酸化され，酸素が発生する。

　　$2H_2O \longrightarrow O_2 + 4H^+ + 4e^-$

＜電極に銅 Cu，銀 Ag などの金属を用いた場合＞

- 電極に用いた金属自身が酸化され，陽イオンとなって溶け出す。

　　$Cu \longrightarrow Cu^{2+} + 2e^-$

　　$Ag \longrightarrow Ag^+ + e^-$

例　塩化銅 CuCl₂ 水溶液の電気分解（炭素電極）

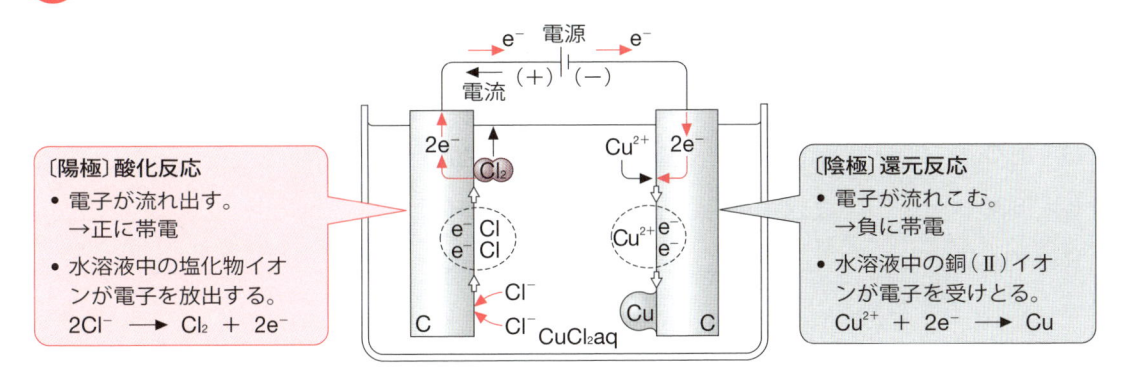

〔陽極〕酸化反応
- 電子が流れ出す。
  →正に帯電
- 水溶液中の塩化物イオンが電子を放出する。
  $2Cl^- \longrightarrow Cl_2 + 2e^-$

〔陰極〕還元反応
- 電子が流れこむ。
  →負に帯電
- 水溶液中の銅（Ⅱ）イオンが電子を受けとる。
  $Cu^{2+} + 2e^- \longrightarrow Cu$

第5章　酸化と還元

チェック問題

(1) 電解質の水溶液に電極を入れ，外部から直流電流を流して電解質に酸化還元反応を起こす操作を（　　　　　）という。

(2) 電気分解で，外部電源の正極とつないだ電極を（　　　　）といい，（　　　　）反応が起こる。また，外部電源の負極とつないだ電極を（　　　　）といい，（　　　　）反応が起こる。

137

第5章の確認テスト

解答→別冊 p.14〜16

1 酸化と還元 ← わからなければ 51, 52 へ (各1点 計8点)

次の表中の①〜⑧にあてはまる語句を，あとの語群から選んで入れよ。

	酸素	水素	電子	酸化数
酸化される	①	③	⑤	⑦
還元される	②	④	⑥	⑧

【語群】 得る，失う，増加する，減少する

2 酸化数 ← わからなければ 52 へ (各2点 計16点)

次の物質中の下線をつけた原子の酸化数を求めよ。

(1) $\underline{Cl}_2$

(2) $H_2\underline{S}$

(3) $\underline{N}_2O_5$

(4) $\underline{Mn}O_2$

(5) $\underline{S}O_4^{2-}$

(6) $\underline{N}H_4^+$

(7) $K\underline{Mn}O_4$

(8) $H_2\underline{O}_2$

3 酸化剤と還元剤 ← わからなければ 54 へ (各2点 計16点)

次の(1)〜(4)の物質が酸化剤としてはたらくと，何に変化するか。また，次の(5)〜(8)の物質が還元剤としてはたらくと，何に変化するか。それぞれ化学式で答えよ。

(1) 二クロム酸イオン $Cr_2O_7^{2-}$

(2) 希硝酸 HNO_3

(3) 濃硝酸 HNO_3

(4) 過酸化水素 H_2O_2

(5) ヨウ化物イオン I^-

(6) 硫化水素 H_2S

(7) 鉄(Ⅱ)イオン Fe^{2+}

(8) 過酸化水素 H_2O_2

4 酸化剤・還元剤の半反応式　←わからなければ 54 へ　　(各2点　計8点)

次のイオン反応式に正しく係数をつけよ。

(1) $(COOH)_2 \longrightarrow 2CO_2 + \underline{} H^+ + \underline{} e^-$

(2) $SO_2 + \underline{} H^+ + \underline{} e^- \longrightarrow S + \underline{} H_2O$

(3) $MnO_4^- + \underline{} H^+ + \underline{} e^- \longrightarrow Mn^{2+} + \underline{} H_2O$

(4) $Cr_2O_7^{2-} + \underline{} H^+ + \underline{} e^- \longrightarrow 2Cr^{3+} + \underline{} H_2O$

5 酸化還元反応式　←わからなければ 54, 55 へ　　(各2点　計8点)

硫酸酸性の過酸化水素水にヨウ化カリウム水溶液を加えると，ヨウ素が遊離して溶液が褐色になる。この反応について，次の問いに答えよ。

(1) 過酸化水素が酸化剤としてはたらくときの反応を，電子 e^- を用いたイオン反応式で表せ。
　　_____

(2) ヨウ化物イオンが還元剤としてはたらくときの反応を，電子 e^- を用いたイオン反応式で表せ。
　　_____

(3) (1), (2)から電子 e^- を消去して，1つのイオン反応式で表せ。
　　_____

(4) (3)のイオン反応式に，反応に関係しなかったイオンを加えて，化学反応式を完成させよ。
　　_____

6 金属のイオン化傾向　←わからなければ 57 へ　　(各1点　計8点)

次の表は，金属の反応性を比較してまとめたものである。①〜⑧にあてはまる性質をあとのア〜クから選べ。

イオン化列	Li	K	Ca	Na	Mg	Al	Zn	Fe	Ni	Sn	Pb	(H₂)	Cu	Hg	Ag	Pt	Au
常温の空気との反応	①				②								酸化されない。				
水との反応	③				④		⑤					反応しない。					
酸との反応	⑥													⑦		⑧	

ア　王水に溶ける。　　　　　　　イ　高温の水蒸気と反応する。　　ウ　熱水と反応する。
エ　塩酸や希硫酸に溶ける。　　　オ　常温の水と反応する。　　　　カ　徐々に表面が酸化される。
キ　すみやかに酸化される。　　　ク　硝酸や熱濃硫酸に溶ける。

①_____　②_____　③_____　④_____
⑤_____　⑥_____　⑦_____　⑧_____

7 金属の反応性　←わからなければ 57 へ　　（各2点 計12点）

次の(1)〜(6)にあてはまる金属を，下のア〜カから選べ。

(1) 常温の水と反応して，水素を発生させる。　　　　　　　　　　＿＿＿＿
(2) 常温の水とは反応しないが，熱水とは反応して水素を発生させる。＿＿＿＿
(3) 硝酸には溶けないが，王水とは反応して溶ける。　　　　　　　＿＿＿＿
(4) 塩酸には溶けないが，濃硝酸には二酸化窒素を発生しながら溶ける。＿＿＿＿
(5) 塩酸や希硫酸には水素を発生しながら溶けるが，濃硝酸には溶けない。＿＿＿＿
(6) 生成物が水に不溶であるため，塩酸や希硫酸にはほとんど溶けない。＿＿＿＿

　ア Fe　　イ Cu　　ウ Na　　エ Mg　　オ Au　　カ Pb

8 電池の原理　←わからなければ 58 へ　　（各1点 計9点）

次の文章中の（ ① ）〜（ ⑨ ）にあてはまる語句を答えよ。

右の図のように，イオン化傾向が異なる2種類の金属A，Bを（ ① ）の水溶液に浸し，両金属を導線で結ぶと，（ ② ）ができる。このとき，金属Aは（ ③ ）となって溶け出す。生じた電子は導線を通り，金属Bへと移動する。

電池では，電子が外部に流れ出す電極を（ ④ ），電子が外部から流れこむ電極を（ ⑤ ）と定義しているので，金属Aが（ ⑥ ），金属Bが（ ⑦ ）となる。また，この電池を放電すると，金属Aでは（ ⑧ ）反応，金属Bでは（ ⑨ ）反応が進行する。

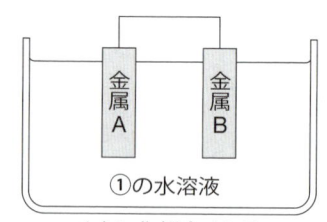

①＿＿＿＿＿＿　②＿＿＿＿＿＿　③＿＿＿＿＿＿　④＿＿＿＿＿＿
⑤＿＿＿＿＿＿　⑥＿＿＿＿＿＿　⑦＿＿＿＿＿＿　⑧＿＿＿＿＿＿
⑨＿＿＿＿＿＿

9 塩化銅（Ⅱ）水溶液の電気分解　←わからなければ 59 へ　　（各3点 計15点）

右の図のように，炭素電極を用いて塩化銅（Ⅱ）水溶液を電気分解した。次の問いに答えよ。

(1) 水溶液中に存在するイオンを，すべてイオン式で表せ。
　　　＿＿＿＿＿＿＿＿＿＿＿＿＿

(2) 電子が流れる向きは，図のア，イのどちらか。　＿＿＿＿＿
(3) 電極Aは，陽極と陰極のどちらか。　＿＿＿＿＿
(4) 陽極と陰極で起こる反応を，それぞれイオン反応式で表せ。

陽極　＿＿＿＿＿＿＿＿＿＿＿＿＿＿＿＿＿＿＿
陰極　＿＿＿＿＿＿＿＿＿＿＿＿＿＿＿＿＿＿＿

さくいん

あ

アイソトープ　26
アボガドロ　93
アボガドロ数　72
アボガドロ定数　73
アボガドロの法則　75,93
アルカリ　99
アルカリ金属　30,31,34
アルカリ土類金属　30,31
α線　27
アレーニウス　39
硫黄の同素体　17
イオン　32,39
イオン化エネルギー　34,55
イオン化列　132
イオン結合　40
イオン結晶　44,64,65,80
イオン結晶の性質　44
イオン式　33
イオンの生成　32,40
イオンの名称　33
イオン反応式　86
一次電池　135
陰イオン　32,39,40
陰極　39,136
陰極での反応　136
陰性　34
液体　20,22
塩　108,110
塩基　99,100
塩基性　99,106
塩基性塩　110
炎色反応　18
延性　63
王水　133
黄リン　16,17
オキソニウムイオン　54,100

オゾン　16
温度　22

か

化学結合　64
化学式　50
化学反応　21,84
化学反応式　84
化学反応の量的関係　88
化学変化　21,84
化合　21
化合物　14
価数(イオン)　33
価数(酸・塩基)　101
価電子　29,30
価標　50
過不足がある化学反応の量的関係　90
過マンガン酸塩滴定　130
還元　120,121,123
還元剤　124
完全中和　110
γ線　27
希ガス　29,30,31,34
希ガス型の電子配置　29
気体　20,22
気体の密度　78
気体反応の法則　88,93
気体分子の速さの分布　23
起電力　134
強塩基　102
凝固　20
凝固点　20
強酸　102
凝縮　20
共有結合　47,54
共有結合の結晶　60,64,65
共有電子対　48
極性　56
極性分子　56,58,80

金属結合　62
金属結晶　62,64,65
金属元素　31
金属性　34
金属と空気の反応　132
金属と酸の反応　133
金属と水の反応　133
金属のイオン化傾向　132
クーロン力　40
クロマトグラフィー　11
係数(化学反応式)　84
ケイ素　61
ゲーリュサック　93
結合角　52
結合距離　52
結合の極性　56
ケルビン　22
原子　24
原子価　51
原子核　24
原子説　92
原子と元素の違い　24
原子の相対質量　70,97
原子番号　25
原子番号と質量数の表し方　25
原子番号20までの元素記号の覚え方　25
原子量　70,73,74,97
元素　12,15,24
元素記号　12,25
元素の原子量　70
元素の周期表　30
元素の周期律　30
構造式　50,51
黒鉛　16,60
固体　20,22
固体の溶解度　81
コニカルビーカー　112
ゴム状硫黄　16,17
混合物　4

141

さ

- 最外殻 …………………… 29
- 最外殻電子 ……………… 29
- 再結晶 …………………… 8,81
- 酸 ………………………… 98,100
- 酸・塩基の定義 ………… 100
- 酸化 ……………………… 120,121,123
- 酸化還元滴定 …………… 130
- 酸化・還元の定義
  ……………………… 120,121,123
- 酸化還元反応 …………… 120
- 酸化還元反応式のつくり方 ‥ 128
- 酸化剤 …………………… 124
- 酸化数 …………………… 122,125
- 酸化数と原子の状態 …… 122
- 酸化数の範囲 …………… 125
- 三重結合 ………………… 50
- 酸性 ……………………… 98,106
- 酸性塩 …………………… 110,111
- 酸素 ……………………… 16
- 酸素の同素体 …………… 16
- 酸を水でうすめたときのpHの変化
  ……………………………… 107
- 式量 ……………………… 71,73,74
- 質量数 …………………… 25
- 質量パーセント濃度 …… 82
- 質量保存の法則 ………… 88,92
- 弱塩基 …………………… 102
- 弱酸 ……………………… 102
- 斜方硫黄 ………………… 16,17
- 周期 ……………………… 30
- 充電 ……………………… 135
- 自由電子 ………………… 62
- 純物質 …………………… 4
- 昇華 ……………………… 9,20
- 昇華性 …………………… 59
- 昇華法 …………………… 9
- 状態変化 ………………… 20
- 蒸発 ……………………… 8,9,20
- 蒸留 ……………………… 6,9

- 触媒 ……………………… 84
- 水酸化物イオン濃度 …… 104,105
- 水素イオン指数 ………… 106
- 水素イオン濃度 ………… 104,105
- 水素結合 ………………… 58
- スタス …………………… 97
- 正塩 ……………………… 110,111
- 正極 ……………………… 134
- 正極活物質 ……………… 134
- 精製 ……………………… 4
- 赤リン …………………… 16,17
- 絶対温度 ………………… 22,23
- 絶対零度 ………………… 22
- セルシウス温度 ………… 22,23
- 遷移元素 ………………… 31
- 族 ………………………… 30
- 組成式 …………………… 42

た

- 体心立方格子 …………… 63
- ダイヤモンド …………… 16,60
- 多価の塩基 ……………… 101,103
- 多価の酸 ………………… 101,103
- 多原子イオン …………… 32
- 多原子分子 ……………… 46,57
- ダニエル電池 …………… 135
- 単結合 …………………… 50
- 単原子イオン …………… 32
- 単原子分子 ……………… 46
- 単斜硫黄 ………………… 16,17
- 炭素の同素体 …………… 16
- 単体 ……………………… 14,15
- 単体と元素の区別 ……… 15
- 蓄電池 …………………… 135
- 抽出 ……………………… 10
- 中性 ……………………… 106
- 中性子 …………………… 24
- 中性子線 ………………… 27
- 中性子の役割 …………… 24
- 中和 ……………………… 108

- 中和滴定 ………………… 112
- 中和点 …………………… 112,114
- 中和の公式 ……………… 109
- 中和の量的関係 ………… 109
- 中和反応 ………………… 108
- 潮解性 …………………… 112
- 沈殿 ……………………… 18,86
- 沈殿反応 ………………… 18,86
- 定比例の法則 …………… 92
- 滴定曲線 ………………… 114
- 電解液 …………………… 134
- 電解質 …………………… 45
- 電気陰性度 ……………… 54
- 電気的中性 ……………… 25
- 電気分解 ………………… 14,136
- 典型元素 ………………… 31
- 典型元素の電気陰性度 … 55
- 電子 ……………………… 24
- 電子殻 …………………… 28
- 電子式 …………………… 48
- 電子親和力 ……………… 35,55
- 電子対 …………………… 48
- 電子配置 ………………… 28
- 展性 ……………………… 63
- 電池 ……………………… 134
- 電離 ……………………… 45
- 電離作用 ………………… 27
- 電離式 …………………… 101
- 電離説 …………………… 39
- 電離度 …………………… 102
- 度(℃) …………………… 22
- 同位体 …………………… 26
- 透過力 …………………… 27
- 同族元素 ………………… 30
- 同素体 …………………… 16,60
- 突沸 ……………………… 6
- 共洗い …………………… 112
- ドルトン ………………… 13,24,92,97

な

二原子分子	46,57
二酸化ケイ素	61
二次電池	135
二重結合	50
熱運動	22
燃焼	21
濃度	82

は

配位結合	54
倍数比例の法則	92
ハロゲン	30,31,35
半減期	27
半反応式	126
pH	106
pH 指示薬	106,114
pH ジャンプ	114
非共有電子対	48
非金属元素	31
非金属性	34
非電解質	45
ビュレット	112
標準状態	75
標準溶液	112
ファラデー	39
ファンデルワールス力	58
フェノールフタレイン	106,114
負極	134
負極活物質	134
ふたまた試験管	19
不対電子	48
物質の三態	20
物質の溶解性	80
物質量	72,76
沸点	4,20
沸騰	20
沸騰石	6
物理変化	21,84
不動態	133
部分中和	110
フラーレン	16
プルースト	92
ブロモチモールブルー	106,114
分液ろうと	10
分解	21
分極	134
分子	46
分子間力	58
分子結晶	59,64,65
分子式	46
分子説	93
分子の形	52
分子の極性	56
分子量	71,73,74
分離	4
分留	7
閉殻	29
β 線	27
ペーパークロマトグラフィー	11
へき開	44
ベルセーリウス	13,97
変色域	106,114
放射性同位体	26
放射線	26
放射線とその種類	27
放電	135
飽和溶液	81
ポーリング	55
ホールピペット	112
ボルタ電池	134

ま

マリケン	55
水のイオン積	104
水の電気分解	14
水の電離	104
無極性分子	56,58,80
メスフラスコ	112
メチルオレンジ	106,114
面心立方格子	63
メンデレーエフ	30
目算法	84
モル	72
モル質量	74
モル体積	75
モル濃度	82

や

融解	20
融点	4,20
陽イオン	32,39,40
溶液	8,80
溶液の調製	83
溶解	21,80
溶解度	8,81
溶解度曲線	81
陽極	39,136
陽極での反応	136
陽子	24
溶質	8,80
陽性	34
溶媒	8,80

ら

ラジオアイソトープ	26
ラボアジエ	92
リービッヒ冷却器	6
リトマス	114
リンの同素体	17
ろ液	5
ろ過	5
六方最密構造	63

著者紹介

卜部　吉庸　URABE Yoshinobu

　1956(昭和31)年，奈良県に生まれ，京都教育大学特修理学科卒業後，奈良県立二階堂高等学校，奈良高等学校，五条高等学校，畝傍(うねび)高等学校，大淀高等学校，橿原高等学校を経て，現在，上宮太子高等学校講師。

　おもな著書に，『これでわかる化学基礎』『これでわかる化学』『化学基礎の必修整理ノート』『化学の必修整理ノート』『化学計算の考え方解き方』(以上，文英堂)，『化学の新研究』『化学の新演習』『化学の新標準演習』『卜部の高校化学の教科書』(以上，三省堂)などがある。

編集協力	アポロ企画
図版	甲斐　美奈子
イラスト	よしのぶ　もとこ
本文レイアウト	FACTORY

シグマベスト
高校やさしくわかりやすい化学基礎

本書の内容を無断で複写(コピー)・複製・転載することは，著作者および出版社の権利の侵害となり，著作権法違反となりますので，転載等を希望される場合は前もって小社あて許可を求めてください。

Ⓒ 卜部吉庸　2015　　Printed in Japan

著　者	卜部吉庸
発行者	益井英郎
印刷所	株式会社加藤文明社
発行所	株式会社　文英堂

〒601-8121　京都市南区上鳥羽大物町28
〒162-0832　東京都新宿区岩戸町17
(代表)03-3269-4231

●落丁・乱丁はおとりかえします。

Σ BEST
シグマベスト

高校 やさしく
わかりやすい
化学基礎

解答集

文英堂

第1章 物質の成り立ち →問題 p.36～38

1 物質の分類

混合物：塩酸，牛乳，空気，石油
単体：黒鉛，酸素，水銀
化合物：アンモニア，ドライアイス

解説

1種類の物質からできているものが純物質，2種類以上の純物質が混じったものが混合物である。また，1種類の元素からなる純物質が単体，2種類以上の元素からなる純物質が化合物である。

アンモニア NH_3 は気体で，窒素 N と水素 H の2種類の元素からなる化合物である。

塩酸は水 H_2O に塩化水素 HCl が溶けこんだ溶液である。一般に，液体にほかの物質が溶けこんだ溶液は混合物である。

牛乳は水にタンパク質や脂肪などが混じったもので，混合物である。

黒鉛は炭素 C だけからなる単体である。

空気は窒素 N_2（78 %），酸素 O_2（21 %），アルゴン Ar（0.9 %）などを含む混合物である。

酸素 O_2 と水銀 Hg は，それぞれ1種類の元素だけからなる単体である。

石油はさまざまな種類の炭化水素（炭素と水素の化合物）を含む混合物である。

ドライアイスは二酸化炭素 CO_2 の固体で，炭素 C と酸素 O の2種類の元素からなる化合物である。

2 混合物の分離

(1) イ　(2) ア　(3) オ　(4) カ　(5) エ
(6) ウ　(7) キ

解説

(1) 海水（溶液）から水（溶媒）だけを分離するには，蒸留が適切である。
(2) 液体から液体に溶けていない固体を分離するには，ろ過を用いればよい。
(3) 昇華（固体→気体の状態変化）しやすい物質（ヨウ素やナフタレン）を分離するには，昇華法を用いるとよい。
(4) 目的の物質をよく溶かす液体（溶媒）を用いて分離するには，抽出を用いる。緑茶やコーヒーは，熱湯による抽出の例である。
(5) 固体物質から不純物をとり除き，純粋な結晶を得るには，再結晶を用いる。
(6) 液体の混合物から，沸点の低いものから順に各成分を分離する操作を分留という。
(7) 色素によって，ろ紙などへの吸着力や溶媒への溶解性が異なる。これを利用して各色素を分離するのがクロマトグラフィーである。

3 温度

① セルシウス温度　② －273
③ 絶対零度　④ 絶対温度
⑤ ケルビン　⑥ 300
⑦ －73

解説

物体のあたたかさや冷たさの度合いを温度という。温度には上限はないが，下限があり，最低温度は －273 ℃ である。この温度は，すべての粒子の熱運動が停止すると考えられる温度で，絶対零度という。

絶対零度を原点としてセルシウス温度と同じ目盛り幅をもつ温度を絶対温度といい，その単位にはケルビン（記号 K）を用いる。絶対温度を T〔K〕，セルシウス温度を t〔℃〕とすると，次の関係が成り立つ。

$T = t + 273$

⑥ $T = 27 + 273 = 300$ K
⑦ $t = T - 273 = 200 - 273 = -73$ ℃

4 混合物の分離

(1) 蒸留
(2) A…沸騰石　B…枝付きフラスコ
　　C…リービッヒ冷却器　D…アダプター

(3) b
(4) 急激に起こる沸騰(突沸)を防ぐため。
(5) ・温度計の下端部の位置を，フラスコの枝の付け根に合わせる。
・入れる海水の量を，フラスコの容量の半分以下にする。
・受け器(三角フラスコ)にはゴム栓をせず，アルミニウム箔をかぶせるか，脱脂綿をつめる程度にする。

解説

(1) 海水を加熱し，発生した水蒸気を冷却すると純水が得られる。この操作を蒸留という。

(3) リービッヒ冷却器は，下方の b から水を流しこみ，上方の a から水が出ていくようにして，冷却器内が水で満たされるようにする。上方の a から水を流しこむと，冷却器内にはほとんど水がたまらないので，冷却効果が小さくなる。

(5) ・発生した水蒸気の温度を正確にはかるため，温度計の下端部の位置は，フラスコの枝の付け根に合わせる。
・海水が沸騰したときに，溶液が枝管に入りこまないようにするため，入れる海水の量はフラスコの容量の半分以下にする。
・ゴム栓で密閉すると，蒸留装置全体の圧力が高くなるため，実験中に接続部がはずれたり，器具が破損したりするおそれがある。

5 同素体

(1) 赤リン　(2) オゾン
(3) 黒鉛，フラーレン
(4) ゴム状硫黄，単斜硫黄

解説

同じ元素のみでできた単体で，性質が異なるものを同素体という。硫黄 S，炭素 C，酸素 O，リン P に存在するものが代表的である。

選択肢中の水晶 SiO_2，リン酸 H_3PO_4，二酸化硫黄 SO_2，硫化水素 H_2S は化合物なので，同素体にはあてはまらない。

(1) リンの同素体には，黄リンと赤リンがある。黄リンは猛毒で，空気中で自然発火する(発火点 30 ℃)。赤リンは微毒で，空気中でも自然発火はしない(発火点 260 ℃)。

(2) 酸素の同素体には，酸素 O_2 とオゾン O_3 がある。

(3) 炭素の同素体には，ダイヤモンドのほか，黒鉛とフラーレンなどがある。フラーレンは球状の炭素分子(C_{60} や C_{70})で，1985 年に発見された。

(4) 硫黄の同素体には，斜方硫黄のほか，単斜硫黄とゴム状硫黄がある。斜方硫黄は黄色の塊状結晶で，常温で安定である。単斜硫黄は黄色の針状結晶で，高温(95 〜 119 ℃)で安定である。ゴム状硫黄は褐色の無定形固体(結晶ではない)で，弾力性が少しある。

6 原子の構造

① 原子核　② 電子　③ 陽子　④ 中性子
⑤ 原子番号　⑥ 質量数

解説

①〜④ 原子の構成は，次の通りである。

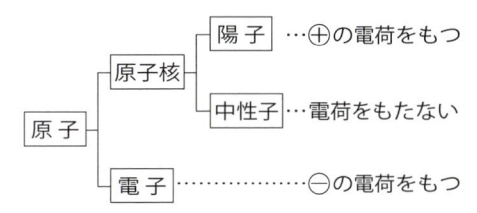

原子 ─┬─ 原子核 ─┬─ 陽子 … ⊕の電荷をもつ
　　　│　　　　　└─ 中性子 … 電荷をもたない
　　　└─ 電子 …………………… ⊖の電荷をもつ

⑤ 原子の種類ごとに，陽子の数(原子番号)は決まっている。

⑥ 電子 1 個の質量は，陽子や中性子 1 個の質量の約 1840 分の 1 しかないため，原子の質量は原子核の質量にほぼ等しい。したがって，原子の質量は，陽子の数と中性子の数の和(質量数)で決まると考えてよい。

7 同位体

(1) 同位体
(2) 陽子の数：17　中性子の数：18
　　電子の数：17　質量数：35
(3) 3 種類

解説

(1) 原子番号が同じで質量数が異なる原子を，互いに同位体という。同位体は，同種の原子で

あっても中性子の数が異なるために生じる。
 ・同位体で同じもの…陽子の数（原子番号），電子の数，化学的性質
 ・同位体で異なるもの…中性子の数，質量数
(2) $^{35}_{17}Cl$ では，元素記号の左上の数 35 は質量数を表し，元素記号の左下の数 17 は原子番号を表す。原子番号は，陽子の数と一致する。
（質量数）＝（陽子の数）＋（中性子の数）なので，
 （中性子の数）＝（質量数）－（陽子の数）
           $= 35 - 17 = 18$
原子は電気的に中性なので，（陽子の数）＝（電子の数）が成り立つ。したがって，電子の数も 17 である。
(3) $^{35}Cl-^{35}Cl$，$^{35}Cl-^{37}Cl$，$^{37}Cl-^{37}Cl$ の 3 種類の塩素分子が存在する。

8 元素の周期表

(1)
族\周期	1	2	13	14	15	16	17	18
1	H							He
2	Li	Be	B	C	N	O	F	Ne
3	Na	Mg	Al	Si	P	S	Cl	Ar
4	K	Ca						

(2) アルカリ金属：Li，Na，K
 アルカリ土類金属：Ca
 ハロゲン：F，Cl
 希ガス：He，Ne，Ar
(3) 7 種類

解説

(2) アルカリ金属…水素 H を除く 1 族元素。
 アルカリ土類金属…ベリリウム Be，マグネシウム Mg を除く 2 族元素。
 ハロゲン…17 族元素。
 希ガス…18 族元素。
(3) 周期表の 1 族・2 族は金属元素の領域（ただし，水素は 1 族に属するが非金属元素），14 族〜18 族は非金属元素の領域であると考えられる。
 13 族のホウ素 B は非金属元素であるが，アルミニウム Al は金属元素である。
 したがって，金属元素は，1 族のうち Li，Na，K，2 族の Be，Mg，Ca，13 族の Al の 7 種類である。

9 原子の電子配置

(1) (a)…0 (b)…2 (c)…3 (d)…5 (e)…0
(2) (a) と (e) (3) (c) (4) (a)，(e)

解説

（電子の数）＝（陽子の数）＝（原子番号）より，電子配置から電子の数を読みとると，原子番号がわかるので，原子の種類がわかる。
(a)…$_2He$ (b)…$_4Be$ (c)…$_{13}Al$
(d)…$_7N$ (e)…$_{10}Ne$
(1) 一般に，（最外殻電子の数）＝（価電子の数）である。ただし，希ガスの場合，価電子の数は 0 である。
 (a)…ヘリウム He は，最外殻電子は 2 個であるが，価電子は 0 個である。
 (e)…ネオン Ne は，最外殻電子は 8 個であるが，価電子は 0 個である。
(2) 同族元素の原子どうしを比較すると，価電子の数が等しい。
(3) 第 3 周期に属する原子では，内側から 3 番目の電子殻（M 殻）に電子が配置されていく。
(4) 電子配置がきわめて安定なのは，希ガスの原子である。ヘリウムの K 殻やネオンの L 殻のように，最大数の電子が入った電子殻を閉殻という。閉殻は電子配置がきわめて安定である。
 また，アルゴン Ar の M 殻のように 8 個の電子が入った電子殻も，閉殻と同様に電子配置が安定である。

第2章 化学結合 →問題 p.66〜68

1 イオン結合

① **M**　② **ネオン**　③ **M**　④ **アルゴン**
⑤ **イオン結合**

解説

原子は，その電子配置に最も近い希ガス原子と同じ電子配置をもつイオンになる。

①② ナトリウム原子 Na は，最外殻(M殻)の電子1個を失うと，ネオン原子 Ne と同じ電子配置をもつナトリウムイオン Na$^+$ となる。このように，**価電子が1個，2個，3個の原子は，電子を放出して1価，2価，3価の陽イオンになりやすい。**

③④ 塩素原子 Cl は，最外殻(M殻)に電子1個を受けとり，アルゴン原子 Ar と同じ電子配置をもつ塩化物イオン Cl$^-$ となる。このように，**価電子が6個，7個の原子は，電子を受けとって2価，1価の陰イオンになりやすい。**

⑤ 陽イオンと陰イオンの間には静電気的な引力(クーロン力)がはたらく。この引力にもとづく結合を，**イオン結合**という。

2 組成式

① Na$_2$SO$_4$　② Na$_3$PO$_4$　③ CaCl$_2$
④ CaSO$_4$　⑤ Ca$_3$(PO$_4$)$_2$　⑥ AlCl$_3$
⑦ Al$_2$(SO$_4$)$_3$　⑧ AlPO$_4$

解説

イオンからなる物質は分子が存在しないので，化学式はその成分となるイオンの割合を最も簡単な整数の比で表した**組成式**で表す。

組成式は陽イオン，陰イオンの順に並べ，**正・負の電荷の量が等しくなる**ように個数の比を決める。このとき，各イオンの電荷を省略し，その数を右下に書く(1は省略)。

多原子イオンが2個以上あるときは( )でくくり，その数を右下に書く。多原子イオンが1個の場合は，( )は不要である。

① Na$^+$ と SO$_4^{2-}$ の価数の比は1：2なので，個数の比は2：1である。
Na$^+$：SO$_4^{2-}$ ＝ 2：1　→　Na$_2$SO$_4$

② Na$^+$ と PO$_4^{3-}$ の価数の比は1：3なので，個数の比は3：1である。
Na$^+$：PO$_4^{3-}$ ＝ 3：1　→　Na$_3$PO$_4$

③ Ca^{2+} と Cl$^-$ の価数の比は2：1なので，個数の比は1：2である。
Ca^{2+}：Cl$^-$ ＝ 1：2　→　CaCl$_2$

④ Ca^{2+} と SO$_4^{2-}$ の価数の比は1：1なので，個数の比は1：1である。
Ca^{2+}：SO$_4^{2-}$ ＝ 1：1　→　CaSO$_4$

⑤ Ca^{2+} と PO$_4^{3-}$ の価数の比は2：3なので，個数の比は3：2である。
Ca^{2+}：PO$_4^{3-}$ ＝ 3：2　→　Ca$_3$(PO$_4$)$_2$

⑥ Al^{3+} と Cl$^-$ の価数の比は3：1なので，個数の比は1：3である。
Al^{3+}：Cl$^-$ ＝ 1：3　→　AlCl$_3$

⑦ Al^{3+} と SO$_4^{2-}$ の価数の比は3：2なので，個数の比は2：3である。
Al^{3+}：SO$_4^{2-}$ ＝ 2：3　→　Al$_2$(SO$_4$)$_3$

⑧ Al^{3+} と PO$_4^{3-}$ の価数の比は1：1なので，個数の比は1：1である。
Al^{3+}：PO$_4^{3-}$ ＝ 1：1　→　AlPO$_4$

3 共有結合と分子の形成

① **1**　② **共有結合**　③ **2**　④ **ネオン**
⑤ **共有電子対**　⑥ **非共有電子対**
⑦ **配位結合**

解説

①〜⑥ 2個の原子が**不対電子**を1個ずつ出し合って電子対をつくり，共有することで，**共有結合**が形成される。このとき，2原子間で共有されている電子対を**共有電子対**，共有されていない電子対を**非共有電子対**という。

H・→ ←・H ━━▶ H:H

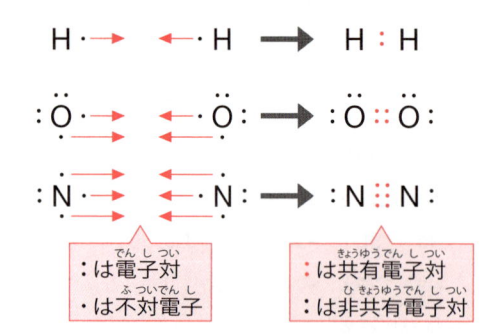

:Ö・→ ←・Ö: ━━▶ :Ö::Ö:

:N・→ ←・N: ━━▶ :N⋮⋮N:

- : は電子対
- ・ は不対電子
- : は共有電子対
- : は非共有電子対

⑦ 一方の原子の非共有電子対を他方の原子に提供し，共有することで生じる結合を**配位結合**という。配位結合の性質は，通常の共有結合と同じである。

たとえば，アンモニウムイオン NH_4^+ に含まれる4本のN-H結合のうち，1本は配位結合，残り3本は共有結合で生じたものである。しかし，これらの4本のN-H結合はまったく同じで，区別できない。

4 分子の構造

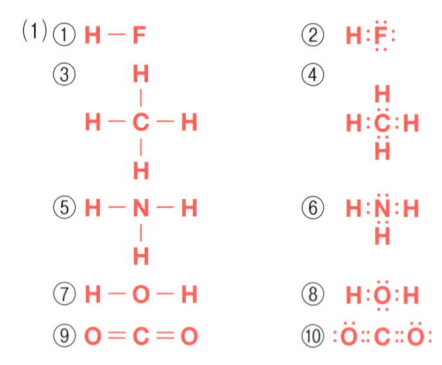

(1) ① H-F ② H:F:
③ H-C(H)(H)-H ④ H:C(H)(H):H
⑤ H-N(H)-H ⑥ H:N(H):H
⑦ H-O-H ⑧ H:Ö:H
⑨ O=C=O ⑩ :Ö::C::Ö:

(2) フッ化水素：**直線形**
メタン　　：**正四面体形**
アンモニア：**三角錐形**
水　　　　：**折れ線形**
二酸化炭素：**直線形**

(3) **フッ化水素，アンモニア，水**

【解説】

(1) **構造式**は，各原子がもつ**原子価**（価標の数）を過不足なく組み合わせてつくる。このとき，原子価が大きい炭素原子C(4価)や窒素原子N(3価)を中心として，その周囲に原子価が小さい水素原子H(1価)や酸素原子O(2価)を並べるように書くとよい。

1価	2価
H- F- Cl-	-O- -S-
3価	4価
-N- -P-	-C- -Si-

構造式を電子式に直すときは，まず，**価標を共有電子対に変える**。
- 単結合(-)→共有電子対1組(:)
- 二重結合(=)→共有電子対2組(::)
- 三重結合(≡)→共有電子対3組(⋮)

その後，各原子の周囲の電子が8個になるように(H原子は2個)，**非共有電子対(:)を書き加える**。

(3) 二原子分子の場合，同種の原子からなるもの（水素 H_2，酸素 O_2 など）は**無極性分子**，異種の原子からなるもの（フッ化水素HF，塩化水素HClなど）は**極性分子**である。

多原子分子の場合は，**個々の結合の極性が全体として打ち消し合うかどうかを考える必要がある**。

二酸化炭素 CO_2（直線形）やメタン CH_4（正四面体形）は結合の極性が分子全体で打ち消し合うので**無極性分子**である。一方，アンモニア NH_3（三角錐形）と水 H_2O（折れ線形）は結合の極性が分子全体で打ち消し合わないので**極性分子**である。

5 共有結合の結晶

① **同素体**　② **4**　③ **正四面体**
④ **立体網目状**　⑤ **通さない**　⑥ **3**
⑦ **正六角形**　⑧ **平面層状**　⑨ **1**
⑩ **通す**

【解説】

ダイヤモンドや黒鉛のように，共有結合だけでできた結晶を**共有結合の結晶**という。

① ダイヤモンドと黒鉛のように，同じ元素の単体で性質が異なる物質を，互いに**同素体**であるという。

②〜⑤ ダイヤモンドは1個の炭素原子がほかの炭素原子4個と正四面体状に強く結びついている。この正四面体の基本単位がいくつもつながって，立体網目状構造を形成してい

る。このため，ダイヤモンドの結晶は非常に硬く，電気伝導性を示さない。

⑥〜⑩ 黒鉛は1個の炭素原子がほかの炭素原子3個と正六角形状に結びついている。この正六角形の基本単位がいくつもつながって，平面層状構造を形成している。この層状構造どうしは弱い分子間力で引き合い，積み重なっているので，黒鉛の結晶は軟らかい。また，残る1個の価電子が平面構造内を自由に動くことができるため，電気伝導性を示す。

6 金属結晶

(1) ① **自由電子**　② **金属結合**
　　③ **金属結晶**　④ **金属光沢**
　　⑤ **延性**　　　⑥ **展性**

(2) Hg

解説

(1) ① 金属原子は価電子を放出しやすい性質をもつ。放出された価電子はどの金属原子にも所属せず，金属中を自由に動き回ることができる。このような電子を**自由電子**という。

②③ 自由電子を仲立ちとした金属原子どうしの結合を**金属結合**といい，金属結合によってできた結晶を**金属結晶**という。

④〜⑥ 金属は，次のような性質をもつ。
- **金属光沢**をもつ。
- **電気伝導性**や**熱伝導性**が大きい。
- **展性**や**延性**に富む。

なお，展性はたたくとうすく広がる性質，延性は引っ張ると細くのびる性質である。

(2) 常温・常圧で単体が液体である金属は水銀Hg（融点−39℃）だけで，ほかはすべて固体で，金属結晶を構成している。

7 結晶のまとめ

① **イオン結合**　② **共有結合**　③ **金属結合**
④ **イオン**　　　⑤ **原子**　　　⑥ **分子**
⑦ **原子**　　　　⑧ **高い**　　　⑨ **低い**
⑩ **硬い**　　　　⑪ **軟らかい**　⑫ **なし**
⑬ **なし**　　　　⑭ **あり**

⑮ **塩化ナトリウム**　⑯ **ケイ素**
⑰ **二酸化炭素**　　　⑱ **アルミニウム**

解説

①〜⑦ 陽イオンと陰イオンが**クーロン力**（静電気的な引力）で引き合ってできる結合を**イオン結合**といい，イオン結合でできた結晶を**イオン結晶**という。

原子が**共有結合**だけで次々と結びつき，巨大な分子となったものを**共有結合の結晶**という。

分子が**分子間力**で結びついてできた結晶を**分子結晶**という。

自由電子による金属原子間の結合を**金属結合**といい，金属結合によってできた結晶を**金属結晶**という。

⑧⑨ 結晶の融点は，結合力が強いほど高くなり，およそ次のような順になる。

　分子結晶＜イオン結晶＜共有結合の結晶

なお，金属結晶の融点は，水銀（融点−39℃）のように低いものから，タングステン（融点3410℃）のように高いものまでさまざまである。

⑩⑪ 一般に，粒子間にはたらく結合力が強いほど，結晶は硬くなる。

⑫〜⑭ 金属結晶は自由電子のはたらきにより，電気伝導性を示す。イオン結晶は，液体や水溶液にするとイオンが動き回れるようになるので電気伝導性を示すが，結晶の状態では電気伝導性を示さない。分子結晶と共有結合の結晶は電気伝導性を示さないが，黒鉛は例外的に電気伝導性を示す。

⑮〜⑱ 金属元素だけからなる物質は**金属結晶**。金属元素と非金属元素からなる物質は**イオン結晶**。非金属元素だけからなる物質のうち，炭素C，ケイ素Siの単体と二酸化ケイ素SiO_2は**共有結合の結晶**。これら以外は**分子結晶**と判断する。

- Al → 金属結晶
  （金）
- NaCl → イオン結晶
  （金　非）
- Si → 共有結合の結晶
  （非）
- CO_2 → 分子結晶
  （非　非）

第3章 物質量と化学反応式 →問題 p.94〜96

1 元素の原子量

10.8

解説

同位体が存在する元素の原子量は，各同位体の相対質量に存在比をかけて求めた平均値で表される。

$$10.0 \times \frac{20.0}{100} + 11.0 \times \frac{80.0}{100} = 10.8$$

2 分子量・式量

(1) **18**　(2) **98**　(3) **74**　(4) **60**

解説

(1)(2) 分子量は，分子式中の原子の原子量の総和で求められる。したがって，

H_2O：$1.0 \times 2 + 16 = 18$

H_2SO_4：$1.0 \times 2 + 32 + 16 \times 4 = 98$

(3)(4) 分子をつくらない物質では，分子式のかわりに式量を用いる。式量は，組成式やイオン式中の原子の原子量の総和で求められる。なお，電子の質量は原子核の質量に比べて非常に小さいので，イオンになる際の電子の増減は考えなくてよい。

$Ca(OH)_2$：$40 + (16 + 1.0) \times 2 = 74$

CO_3^{2-}：$12 + 16 \times 3 = 60$

3 物質量

① **小さい**　② **12**　③ **アボガドロ数**
④ **モル**　⑤ **物質量**　⑥ **モル質量**
⑦ **g/mol**　⑧ **標準状態**　⑨ **22.4**

解説

①〜③ ^{12}C 原子だけからなる物質 12 g 中に含まれる ^{12}C 原子の数を**アボガドロ数**といい，6.0×10^{23} である。

④⑤ 同一の粒子 6.0×10^{23} 個からなる集団を **1 モル**といい，粒子の数に基づいて表した物質の量を**物質量**という。なお，1 mol あたりの粒子の数を表す定数を**アボガドロ定数**といい，6.0×10^{23} /mol である。

⑥〜⑨ 物質 1 mol あたりの質量を**モル質量**といい，原子量，分子量，式量に単位 g/mol をつけたものに等しい。また，気体 1 mol あたりの体積を**モル体積**といい，**標準状態**(0℃, 1.01×10^5 Pa) では気体の種類によらず **22.4 L/mol** である。

4 物質量の計算

(1) **3.4 g**　(2) **4.5 L**　(3) **1.2×10²³ 個**

解説

(1) 分子量 $NH_3 = 17$ より，アンモニアのモル質量は 17 g/mol である。

質量＝物質量×モル質量

$= 0.20 \text{ mol} \times 17 \text{ g/mol} = 3.4 \text{ g}$

(2) 標準状態での気体のモル体積は 22.4 L/mol である。

気体の体積＝物質量×モル体積

$= 0.20 \text{ mol} \times 22.4 \text{ L/mol}$

$= 4.48 \text{ L} \fallingdotseq 4.5 \text{ L}$

(3) **粒子の数＝物質量×アボガドロ定数**

$= 0.20 \text{ mol} \times 6.0 \times 10^{23} \text{ /mol}$

$= 1.2 \times 10^{23}$

5 物質量の計算

(1) **2.2 L**　(2) **8.0 g**　(3) **9.0×10²³ 個**

解説

質量⇔粒子の数⇔気体の体積の変換を行うときも，いったん物質量に直してから行うとよい。

(1) 分子量 $CH_4 = 16$ より，メタンのモル質量は 16 g/mol である。

$$\text{物質量} = \frac{\text{質量}}{\text{モル質量}}$$

$$= \frac{1.6 \text{ g}}{16 \text{ g/mol}} = 0.10 \text{ mol}$$

気体の体積＝物質量×モル体積

$= 0.10 \text{ mol} \times 22.4 \text{ L/mol}$

$= 2.24 \text{ L} \fallingdotseq 2.2 \text{ L}$

(2) $\text{物質量} = \dfrac{\text{粒子の数}}{\text{アボガドロ定数}}$

$= \dfrac{1.5 \times 10^{23}}{6.0 \times 10^{23} \text{ /mol}} = 0.25 \text{ mol}$

分子量 $O_2=32$ より，酸素のモル質量は 32 g/mol である。

　　質量＝物質量×モル質量
　　　　＝0.25 mol×32 g/mol＝8.0 g

(3) 物質量＝$\dfrac{\text{気体の体積}}{\text{モル体積}}$
　　　　＝$\dfrac{11.2\ \text{L}}{22.4\ \text{L/mol}}$＝0.50 mol

NH_3 1 分子中には H 原子が 3 個含まれるから，

　　粒子の数＝物質量×アボガドロ定数
　　　　　＝0.50 mol×3×6.0×10²³ /mol
　　　　　＝9.0×10²³

6 濃度

(1) **20 %**　　(2) **50 g**　　(3) **0.50 mol/L**

解説

(1) 質量パーセント濃度＝$\dfrac{\text{溶質の質量}}{\text{溶液の質量}}\times 100$

　　　＝$\dfrac{25\ \text{g}}{25\ \text{g}+100\ \text{g}}\times 100$
　　　＝20 %

(2) 溶質の質量＝溶液の質量×$\dfrac{\text{\%の数値}}{100}$

　　　＝500 g×$\dfrac{10}{100}$＝50 g

(3) 式量 $NaOH=40$ より，水酸化ナトリウムのモル質量は 40 g/mol である。NaOH 4.0 g の物質量は，

　　$\dfrac{4.0\ \text{g}}{40\ \text{g/mol}}$＝0.10 mol

したがって，

モル濃度＝$\dfrac{\text{溶質の物質量}}{\text{溶液の体積}}$

　　　＝$\dfrac{0.10\ \text{mol}}{0.20\ \text{L}}$＝0.50 mol/L

7 化学反応式の係数

(1) **4，5，1**　　(2) **1，3，2，3**
(3) **2，2，3**　　(4) **3，2，1**
(5) **2，6，2，3**

解説

右辺と左辺で各原子の数が等しくなるように，最も簡単な整数の比で係数をつける。
❶ 化学式が最も複雑な物質の係数を 1 とおく。
❷ 登場回数が少ない原子の数から順に合わせる。
❸ 係数が分数になったときは，両辺を何倍かして分母を払う。係数の 1 は省略する。

(1) P_4O_{10} の係数を 1 とおく。すると，P の係数は 4，O_2 の係数は 5 となる。

(2) C_2H_6O の係数を 1 とおく。C 原子の数と H 原子の数を合わせると，CO_2 の係数は 2，H_2O の係数は 3 となる。O 原子の数を合わせると，左辺に O 原子が 1 個あるので，O_2 の係数は 3 となる。

(3) $KClO_3$ の係数を 1 とおく。K 原子の数と Cl 原子の数を合わせると，KCl の係数は 1 となる。また，O 原子の数を合わせると，O_2 の係数は $\dfrac{3}{2}$ となる。**係数が分数なので，全体を 2 倍して分母を払うと，反応式が完成する。**

(4) Fe_3O_4 の係数を 1 とおく。Fe 原子の数を合わせると，Fe の係数は 3 となる。また，O 原子の数を合わせると，O_2 の係数は 2 となる。

(5) $AlCl_3$ の係数を 1 とおく。Al 原子の数と Cl 原子の数を合わせると，Al の係数は 1，HCl の係数は 3 となる。また，H 原子の数を合わせると，H_2 の係数は $\dfrac{3}{2}$ となる。係数が分数なので，全体を 2 倍して分母を払うと，反応式が完成する。

8 化学反応式

(1) **$2CO + O_2 \longrightarrow 2CO_2$**
(2) **$C_2H_4 + 3O_2 \longrightarrow 2CO_2 + 2H_2O$**
(3) **$2H_2O_2 \longrightarrow O_2 + 2H_2O$**

解説

まず，反応物の化学式を左辺，生成物の化学式を右辺に書き，両辺を矢印で結ぶ。このとき，**問題文中に与えられていない反応物や生成物**に注意する。特に，燃焼における酸素や反応で生じる水などは，省略されることが多い。また，触媒は化学反応式中に書かないことにも注意。

(1) 燃焼には酸素も必要なので，反応物は CO と O_2，生成物は CO_2 である。

(2) 燃焼には酸素も必要なので，反応物は C_2H_4 と O_2，生成物は CO_2 と H_2O である。

(3) 酸化マンガン(Ⅳ)は触媒なので，反応式中に書かない。したがって，反応物は H_2O_2，生成物は O_2 と H_2O である。

9 化学反応の量的関係

(1) $C_3H_8 + 5O_2 \longrightarrow 3CO_2 + 4H_2O$

(2) **34 L** (3) **36 g** (4) **56 L**

解説

(1) プロパン C_3H_8 が完全燃焼すると，二酸化炭素 CO_2 と水 H_2O が発生する。燃焼時に酸素 O_2 が必要なことにも注意する。

(2) 化学反応式の係数の比より，反応時の各物質の物質量の比は次のようになる。

$$C_3H_8 + 5O_2 \longrightarrow 3CO_2 + 4H_2O$$
1 mol　5 mol　　　3 mol　　4 mol

分子量 $C_3H_8 = 44$ より，プロパンのモル質量は 44 g/mol である。

$$物質量 = \frac{質量}{モル質量} = \frac{22\ g}{44\ g/mol} = 0.50\ mol$$

反応式の係数の比から，生じた CO_2 の物質量は，

$0.50\ mol \times 3 = 1.5\ mol$

したがって，生じた CO_2 の体積（標準状態）は，

気体の体積 = 物質量 × モル体積
$= 1.5\ mol \times 22.4\ L/mol$
$= 33.6\ L \fallingdotseq 34\ L$

(3) 反応式の係数の比から，生じた H_2O の物質量は，

$0.50\ mol \times 4 = 2.0\ mol$

分子量 $H_2O = 18$ より，水のモル質量は 18 g/mol である。したがって，生じた H_2O の質量は，

質量 = 物質量 × モル質量
$= 2.0\ mol \times 18\ g/mol = 36\ g$

(4) 反応式の係数の比から，燃焼に必要な O_2 の物質量は，

$0.50\ mol \times 5 = 2.5\ mol$

したがって，必要な O_2 の体積（標準状態）は，
気体の体積 = 物質量 × モル体積
$= 2.5\ mol \times 22.4\ L/mol = 56\ L$

10 化学反応の量的関係

(1) **0.050 mol** (2) **0.050 mol**
(3) **0.56 L**

解説

(1) 原子量 $Mg = 24$ より，マグネシウムのモル質量は 24 g/mol である。したがって，

$$物質量 = \frac{質量}{モル質量} = \frac{1.2\ g}{24\ g/mol} = 0.050\ mol$$

(2) 溶質の物質量 = モル濃度 × 体積
$= 1.0\ mol/L \times \frac{50}{1000}\ L$
$= 0.050\ mol$

(3) 化学反応式の係数の比より，反応時の各物質の物質量の比は次のようになる。

$$Mg + 2HCl \longrightarrow MgCl_2 + H_2$$
1 mol　2 mol　　　1 mol　　1 mol

反応時の物質量の比は Mg : HCl = 1 : 2 であるが，(1)，(2)より，Mg が 0.050 mol，HCl が 0.050 mol なので，Mg に比べて HCl が不足することになる。したがって，発生する H_2 の物質量は，HCl の物質量によって決まる。反応式の係数の比から，発生する H_2 の物質量は HCl の物質量の半分で，

$0.050\ mol \times \frac{1}{2} = 0.025\ mol$

したがって，発生する H_2 の体積（標準状態）は，
気体の体積 = 物質量 × モル体積
$= 0.025\ mol \times 22.4\ L/mol$
$= 0.56\ L$

11 化学反応の量的関係

8.8 g

解説

化学反応式の係数の比より，反応時の各物質の物質量の比は次のようになる。

$$Fe + S \longrightarrow FeS$$
1 mol　1 mol　　1 mol

反応物の物質量は，Fe のモル質量が 56 g/mol，S のモル質量が 32 g/mol より，

Fe : $\frac{5.6\ g}{56\ g/mol} = 0.10\ mol$（少ない方）

S : $\frac{4.0\ g}{32\ g/mol} = 0.125\ mol$

Fe の物質量のほうが少ないので，生成する FeS の物質量は Fe の物質量と同じ 0.10 mol である。FeS のモル質量は 88 g/mol なので，生成する FeS の質量は，

$0.10\ mol \times 88\ g/mol = 8.8\ g$

第4章 酸と塩基の反応 →問題 p.116〜118

1 酸と塩基

① 黄　② 水素　③ 青　④ 赤
⑤ 水素イオン　⑥ 水酸化物イオン

解説

①〜④ 酸の水溶液が示す性質を**酸性**といい，塩基の水溶液が示す性質を**塩基性**という。

⑤⑥ **アレーニウスの定義**では，酸は水溶液中で電離して水素イオン H^+ を生じる物質，塩基は水溶液中で電離して水酸化物イオン OH^- を生じる物質である。**ブレンステッド・ローリーの定義**では，酸は H^+ を与える物質，塩基は H^+ を受けとる物質である。

2 酸・塩基の種類とその強弱

(1) **HCl**，1価，強酸
(2) **NH₃**，1価，弱塩基
(3) **H₂SO₄**，2価，強酸
(4) **NaOH**，1価，強塩基
(5) **Ca(OH)₂**，2価，強塩基
(6) **CH₃COOH**，1価，弱酸
(7) **HNO₃**，1価，強酸
(8) **H₃PO₄**，3価，弱酸
(9) **Cu(OH)₂**，2価，弱塩基
(10) **(COOH)₂**，2価，弱酸
(11) **Ba(OH)₂**，2価，強塩基
(12) **H₂CO₃**，2価，弱酸

解説

酸の化学式から電離して生じることができる水素イオン H^+ の数を**酸の価数**という。また，塩基の化学式から電離して生じることができる水酸化物イオン OH^- の数，または，受けとることができる H^+ の数を，**塩基の価数**という。

酸・塩基の強弱は，**電離度**によって決まる。電離度が1に近い酸・塩基を**強酸・強塩基**といい，電離度が1よりかなり小さい酸・塩基を**弱酸・弱塩基**という。なお，水に溶けにくい塩基は，弱塩基に分類される。

3 電離式

(1) $HCl \longrightarrow H^+ + Cl^-$
(2) $HNO_3 \longrightarrow H^+ + NO_3^-$
(3) $Ba(OH)_2 \longrightarrow Ba^{2+} + 2OH^-$
(4) $NH_3 + H_2O \rightleftarrows NH_4^+ + OH^-$
(5) $H_2SO_4 \longrightarrow H^+ + HSO_4^-$
　　$HSO_4^- \rightleftarrows H^+ + SO_4^{2-}$

解説

(1)〜(4) 酸が出す水素イオン H^+ は，実際には水分子 H_2O と結合して**オキソニウムイオン** H_3O^+ として存在するが，通常は H^+ と表す。

$HCl + H_2O \longrightarrow H_3O^+ + Cl^-$

また，ほとんど完全に電離する強酸や強塩基の電離式では両辺を⟶で結ぶが，ごく一部だけが電離する弱酸や弱塩基の電離式では両辺を⇌で結ぶ。

(5) 硫酸 H_2SO_4 のような2価の酸では，まず水素イオン H^+ 1個が先に電離する(第一電離)。

$H_2SO_4 \longrightarrow H^+ + HSO_4^-$

もう1個の H^+ は，やや遅れて電離する(第二電離)。

$HSO_4^- \rightleftarrows H^+ + SO_4^{2-}$

4 pH

(1) **2**　(2) **11**　(3) **4**　(4) **3**　(5) **12**

解説

[H^+] = 酸のモル濃度 × 価数 × 電離度
[OH^-] = 塩基のモル濃度 × 価数 × 電離度
[H^+] = 1×10^{-n} mol/L のとき，pH = n

(1) 塩化水素 HCl は1価の強酸なので，完全に電離する。したがって，
　[H^+] = 0.01 mol/L × 1 × 1
　　　 = 0.01 mol/L = 1×10^{-2} mol/L

(2) 水酸化ナトリウム NaOH は1価の強塩基なので，完全に電離する。したがって，
　[OH^-] = 0.001 mol/L × 1 × 1
　　　　 = 0.001 mol/L = 1×10^{-3} mol/L

p.106 の表より，$[OH^-] = 1 \times 10^{-3}$ mol/L のとき，$[H^+] = 1 \times 10^{-11}$ mol/L である。

(3) 0.01 mol/L 塩酸を 100 倍にうすめたことになるので，水溶液のモル濃度は，

$$0.01 \text{ mol/L} \times \frac{1}{100} = 0.0001 \text{ mol/L}$$
$$= 1 \times 10^{-4} \text{ mol/L}$$

塩化水素 HCl は 1 価の強酸なので，完全に電離する。したがって，

$$[H^+] = 1 \times 10^{-4} \text{ mol/L} \times 1 \times 1$$
$$= 1 \times 10^{-4} \text{ mol/L}$$

(4) 酢酸 CH_3COOH は 1 価の弱酸なので，一部だけが電離する。したがって，

$$[H^+] = 0.050 \text{ mol/L} \times 1 \times 0.020$$
$$= 0.0010 \text{ mol/L} = 1.0 \times 10^{-3} \text{ mol/L}$$

(5) 式量 NaOH = 40 より，水酸化ナトリウムのモル質量は 40 g/mol である。NaOH 0.20 g の物質量は，

$$\text{物質量} = \frac{\text{質量}}{\text{モル質量}}$$
$$= \frac{0.20 \text{ g}}{40 \text{ g/mol}} = 0.0050 \text{ mol}$$

これを水に溶かして 500 mL にしたので，水溶液のモル濃度は，

$$\text{モル濃度} = \frac{\text{溶質の物質量}}{\text{溶液の体積}}$$
$$= \frac{0.0050 \text{ mol}}{0.500 \text{ L}}$$
$$= 0.010 \text{ mol/L} = 1.0 \times 10^{-2} \text{ mol/L}$$

水酸化ナトリウム NaOH は 1 価の強塩基なので，完全に電離する。したがって，

$$[OH^-] = 1.0 \times 10^{-2} \text{ mol/L} \times 1 \times 1$$
$$= 1.0 \times 10^{-2} \text{ mol/L}$$

p.106 の表より，$[OH^-] = 1.0 \times 10^{-2}$ mol/L のとき，$[H^+] = 1 \times 10^{-12}$ mol/L である。

5 中和反応式

(1) $H_2SO_4 + 2KOH \longrightarrow K_2SO_4 + 2H_2O$

(2) $CH_3COOH + NaOH$
　　　　　　$\longrightarrow CH_3COONa + H_2O$

(3) $H_2SO_4 + Ba(OH)_2 \longrightarrow BaSO_4 + 2H_2O$

(4) $HCl + NH_3 \longrightarrow NH_4Cl$

解説

酸・塩基の中和反応式をつくるときは，酸の水素イオン H^+ と塩基の OH^- に過不足がないように，反応式の係数を決める。なお，酸・塩基の強弱は中和反応式には関係しない。

(1) 硫酸 H_2SO_4 は H^+ を 2 個出し，水酸化カリウム KOH は OH^- を 1 個出す。H^+ と OH^- の数を合わせるため，KOH を 2 倍する。したがって，水 H_2O は 2 分子できることになる。

(2) 酢酸 CH_3COOH の分子中には水素原子 H が 4 個あるが，H^+ になるのは下線部の 1 つだけである。したがって，酢酸は 1 価の酸である。

(4) 塩化水素 HCl は H^+ を 1 個出す。アンモニア NH_3 は OH^- を 1 個出すのではなく，H^+ を 1 個受けとる。したがって，水 H_2O はできず，塩化アンモニウム NH_4Cl だけができる。

6 中和の量的関係

(1) **40 mL**　　(2) **0.25 mol/L**　　(3) **0.20 g**

解説

濃度 c [mol/L] の a 価の酸の水溶液 V [mL] と，濃度 c' [mol/L] の b 価の塩基の水溶液 V' [mL] がちょうど中和したとき，次の関係が成り立つ。

$$acV = bc'V'$$

(1) 硫酸 H_2SO_4 は 2 価の酸，水酸化ナトリウム NaOH は 1 価の塩基なので，

$2 \times 0.10 \text{ mol/L} \times 10 \text{ mL} = 1 \times 0.050 \text{ mol/L} \times x$ [mL]

$x = 40$ mL

(2) 塩化水素 HCl は 1 価の酸，水酸化カルシウム $Ca(OH)_2$ は 2 価の塩基なので，

$1 \times x$ [mol/L] $\times 20$ mL $= 2 \times 0.050$ mol/L $\times 50$ mL

$x = 0.25$ mol/L

(3) 式量 NaOH = 40 より，水酸化ナトリウムのモル質量は 40 g/mol である。必要な NaOH の質量を x [g] とおくと，

$$\text{物質量} = \frac{\text{質量}}{\text{モル質量}} = \frac{x \text{[g]}}{40 \text{ g/mol}}$$

硝酸 HNO_3 は 1 価の酸，水酸化ナトリウム NaOH は 1 価の塩基なので，

$$1 \times 0.10 \text{ mol/L} \times \frac{50}{1000} \text{ L} = 1 \times \frac{x \text{[g]}}{40 \text{ g/mol}}$$

$x = 0.20$ g

7 塩の性質

(1) **中性**　(2) **酸性**　(3) **塩基性**
(4) **酸性**　(5) **中性**　(6) **塩基性**
(7) **塩基性**　(8) **酸性**

解説

正塩の水溶液が示す性質（液性）は，塩を構成するもとになった酸・塩基の強弱によって決まる。

- 強酸＋強塩基…**中性**
- 強酸＋弱塩基…**酸性**
- 弱酸＋強塩基…**塩基性**
- 弱酸＋弱塩基…中性に近い性質を示すことが多い。

(1) 硫酸 H_2SO_4（強酸）と水酸化ナトリウム NaOH（強塩基）からなるので，水溶液は中性を示す。
(2) 硝酸 HNO_3（強酸）とアンモニア NH_3（弱塩基）からなるので，水溶液は酸性を示す。
(3) リン酸 H_3PO_4（弱酸）と水酸化ナトリウム NaOH（強塩基）からなるので，水溶液は塩基性を示す。
(4) 硫酸 H_2SO_4（強酸）と水酸化銅(Ⅱ) $Cu(OH)_2$（弱塩基）からなるので，水溶液は酸性を示す。
(5) 硝酸 HNO_3（強酸）と水酸化カリウム KOH（強塩基）からなるので，水溶液は中性を示す。
(6) 炭酸 H_2CO_3（弱酸）と水酸化ナトリウム NaOH（強塩基）からなるので，水溶液は塩基性を示す。
(7) 酢酸 CH_3COOH（弱酸）と水酸化ナトリウム NaOH（強塩基）からなるので，水溶液は塩基性を示す。
(8) 塩化水素 HCl（強酸）とアンモニア NH_3（弱塩基）からなるので，水溶液は酸性を示す。

8 中和滴定

(1) ① **ホールピペット**　② **メスフラスコ**
　　③ **ビュレット**
(2) **反応溶液の色が無色から淡赤色になったとき。**
(3) **0.72 mol/L**

解説

(1) ・ホールピペット…一定体積の水溶液をはかりとるときに使う。
　・メスフラスコ…水でうすめて正確な濃度の水溶液をつくるときに使う。
　・ビュレット…滴下する水溶液の体積を正確にはかる。
　・コニカルビーカー…滴定する水溶液を入れる。口が細くなっているので，振り混ぜても中の液体がこぼれない。
(2) 水酸化ナトリウム水溶液を滴下すると，液面が一瞬だけ赤くなるが，中和反応が起こるのですぐに無色に戻る。中和反応が進行するにつれて色が戻りにくくなり，**完全に中和して酸の H^+ がすべて反応すると，赤色のまま戻らなくなる。**
(3) うすめた食酢中の酢酸 CH_3COOH の濃度を x〔mol/L〕とおく。酢酸は1価の酸，水酸化ナトリウム NaOH は1価の塩基なので，中和の公式より，

$1 \times x$〔mol/L〕$\times 10$ mL $= 1 \times 0.10$ mol/L $\times 7.2$ mL
$x = 0.072$ mol/L

もとの食酢中の酢酸の濃度はこの10倍なので，

0.072 mol/L $\times 10 = 0.72$ mol/L

9 滴定曲線

A群…**ア**　　B群…**ア**

解説

A群…**滴定前と中和後の pH から，使用した酸・塩基の強弱がわかる。**滴定前の pH が1に近いので強酸，中和後の pH が10程度なので弱塩基である。

B群…**強酸と弱塩基の中和滴定では，中和点は酸性側に偏る。**したがって，酸性側に変色域をもつメチルオレンジを指示薬として用いる。

第5章 酸化と還元 →問題 p.138〜140

1 酸化と還元

① 得る　② 失う　③ 失う　④ 得る
⑤ 失う　⑥ 得る　⑦ 増加する
⑧ 減少する

解説

酸化・還元は，酸素の授受，水素の授受，電子の授受，酸化数の増減で定義される。

酸化	還元
酸素を受けとる	酸素を失う
水素を失う	水素を受けとる
電子を失う	電子を受けとる
酸化数が増加する	酸化数が減少する

2 酸化数

(1) 0　(2) −2　(3) +5　(4) +4
(5) +6　(6) −3　(7) +7　(8) −1

解説

原子の酸化・還元の程度を明確に表すために，電子の授受が完全に行われたものとして決められた数値が酸化数である。酸化数は，＋，−の符号をつけて表す。
(1) 単体中の原子の酸化数は0である。
(2) 化合物では，水素Hの酸化数を+1，酸素Oの酸化数を−2として計算する。また，化合物を構成する原子の酸化数の和は0になる。
　$(+1) \times 2 + x = 0 \quad x = -2$
(3) $x \times 2 + (-2) \times 5 = 0 \quad x = +5$
(4) $x + (-2) \times 2 = 0 \quad x = +4$
(5) 多原子イオンを構成する原子の酸化数の和は，イオンの電荷と等しい。
　$x + (-2) \times 4 = -2 \quad x = +6$
(6) $x + (+1) \times 4 = +1 \quad x = -3$
(7) イオンからなる物質の場合，各イオンに電離した状態をもとに酸化数を計算するとよい。
　$KMnO_4 \longrightarrow K^+ + MnO_4^-$
　過マンガン酸イオンMnO_4^-について考えると，
　$x + (-2) \times 4 = -1 \quad x = +7$

(8) 過酸化水素H_2O_2などの過酸化物中の酸素原子の酸化数は例外で−1である。

3 酸化剤と還元剤

(1) Cr^{3+}　(2) NO　(3) NO_2　(4) H_2O
(5) I_2　(6) S　(7) Fe^{3+}　(8) O_2

解説

相手から電子を奪い，相手を酸化する物質を酸化剤という。酸化剤自身は電子を受けとるので，還元されることになる。酸化剤は酸化数が高い原子を含んでおり，相手から電子を奪って酸化数が少し低い状態に変化する。

これに対し，相手に電子を与え，相手を還元する物質を還元剤という。還元剤自身は電子を失うので，酸化されることになる。還元剤は酸化数が低い原子を含んでおり，相手に電子を与えて酸化数が少し高い状態に変化する。

(1) 二クロム酸イオン$Cr_2O_7^{2-}$(酸化数+6)から，クロム(Ⅲ)イオンCr^{3+}(酸化数+3)に変化する。
(2) 希硝酸HNO_3(酸化数+5)から，一酸化窒素NO(酸化数+2)に変化する。
(3) 濃硝酸HNO_3(酸化数+5)から，二酸化窒素NO_2(酸化数+4)に変化する。
(4) 過酸化水素H_2O_2(酸化数−1)から，水H_2O(酸化数−2)に変化する。
(5) ヨウ化物イオンI^-(酸化数−1)から，ヨウ素I_2(酸化数0)に変化する。
(6) 硫化水素H_2S(酸化数−2)から，硫黄S(酸化数0)に変化する。
(7) 鉄(Ⅱ)イオンFe^{2+}(酸化数+2)から，鉄(Ⅲ)イオンFe^{3+}(酸化数+3)に変化する。
(8) 過酸化水素H_2O_2(酸化数−1)から，酸素O_2(酸化数0)に変化する。

4 酸化剤・還元剤の半反応式

(1) 2, 2　(2) 4, 4, 2
(3) 8, 5, 4　(4) 14, 6, 7

解説
　酸化剤・還元剤の半反応式の係数を決めるときは，次の❶〜❸の順序で行うとよい。
❶ 両辺の酸素原子 O の数を，**水分子 H_2O** で合わせる。
❷ 両辺の水素原子 H の数を，**水素イオン H^+** で合わせる。
❸ 両辺の電荷のつり合いを，**電子 e^-** で合わせる。

(1) ❶ O 原子の数はすでに等しくなっている。
　❷ 左辺に H 原子が 2 個あるので，右辺に $2H^+$ を加える。
　❸ 左辺の電荷の和は 0，右辺の電荷の和は $+2$ なので，右辺に $2e^-$ を加える。

(2) ❶ 左辺に O 原子が 2 個あるので，右辺に $2H_2O$ を加える。
　❷ 右辺に H 原子が 4 個あるので，左辺に $4H^+$ を加える。
　❸ 左辺の電荷の和は $+4$，右辺の電荷の和は 0 なので，左辺に $4e^-$ を加える。

(3) ❶ 左辺に O 原子が 4 個あるので，右辺に $4H_2O$ を加える。
　❷ 右辺に H 原子が 8 個あるので，左辺に $8H^+$ を加える。
　❸ 左辺の電荷の和は $+7$，右辺の電荷の和は $+2$ なので，左辺に $5e^-$ を加える。

(4) ❶ 左辺に O 原子が 7 個あるので，右辺に $7H_2O$ を加える。
　❷ 右辺に H 原子が 14 個あるので，左辺に $14H^+$ を加える。
　❸ 左辺の電荷の和は $+12$，右辺の電荷の和は $+6$ なので，左辺に $6e^-$ を加える。

5 酸化還元反応式

(1) $H_2O_2 + 2H^+ + 2e^- \longrightarrow 2H_2O$
(2) $2I^- \longrightarrow I_2 + 2e^-$
(3) $H_2O_2 + 2H^+ + 2I^- \longrightarrow 2H_2O + I_2$
(4) $H_2O_2 + H_2SO_4 + 2KI$
　　　$\longrightarrow 2H_2O + I_2 + K_2SO_4$

解説
(1) 過酸化水素 H_2O_2 が酸化剤としてはたらくと，水 H_2O に変化する。

$H_2O_2 \longrightarrow H_2O$
酸素原子 O の数を合わせるため，右辺に H_2O を加える。
$H_2O_2 \longrightarrow 2H_2O$
水素原子 H の数を合わせるため，左辺に $2H^+$ を加える。
$H_2O_2 + 2H^+ \longrightarrow 2H_2O$
電荷を合わせるため，左辺に $2e^-$ を加える。
$H_2O_2 + 2H^+ + 2e^- \longrightarrow 2H_2O$ …………①

(2) ヨウ化物イオン I^- が還元剤としてはたらくと，ヨウ素 I_2 に変化する。
$2I^- \longrightarrow I_2$
電荷を合わせるため，右辺に $2e^-$ を加える。
$2I^- \longrightarrow I_2 + 2e^-$ …………………②

(3) ①式，②式の電子の数が等しくなっているので，そのままたし合わせれば，電子が消去されたイオン反応式が得られる。
$H_2O_2 + 2H^+ + 2I^- \longrightarrow 2H_2O + I_2$

(4) **H^+ の相手となるイオンは硫酸イオン SO_4^{2-} であり，I^- の相手となるイオンはカリウムイオン K^+ である。**両辺に $2K^+$ と SO_4^{2-} を加えると，酸化還元反応式が得られる。
$H_2O_2 + H_2SO_4 + 2KI$
　　　$\longrightarrow 2H_2O + I_2 + K_2SO_4$

6 金属のイオン化傾向

① **キ**　② **カ**　③ **オ**　④ **ウ**
⑤ **イ**　⑥ **エ**　⑦ **ク**　⑧ **ア**

解説
　金属には水溶液中で陽イオンになろうとする性質があり，この性質を**金属のイオン化傾向**という。また，金属をイオン化傾向が大きい順に並べたものを**イオン化列**という。イオン化傾向が大きい金属ほど反応性が大きく，おだやかな条件でも空気や水，酸と反応する。イオン化傾向が小さい金属ほど反応性が小さく，より激しい条件でなければ反応しない。

①② Li 〜 Na は常温の空気中ですみやかに酸化され，Mg 〜 Cu は徐々に表面が酸化される。また，Hg 〜 Au は常温の空気中では酸化されない。

③〜⑤ Li〜Na は常温の水，Mg は熱水と反応して水素 H_2 を発生させる。また，Al〜Fe は高温の水蒸気とは反応して H_2 を発生させるが，Ni〜Au は高温の水蒸気とも反応しない。

⑥〜⑧ イオン化傾向が H_2 より大きい Li〜Pb は，希塩酸や希硫酸などの希酸に溶け，H_2 を発生させる。

イオン化傾向が H_2 より小さい Cu〜Ag は希酸には溶けないが，硝酸や熱濃硫酸などの酸化力が強い酸とは反応して溶ける。このとき，希硝酸との反応では**一酸化窒素 NO**，濃硝酸との反応では**二酸化窒素 NO_2**，熱濃硫酸との反応では**二酸化硫黄 SO_2** が発生する。

Pt と Au は反応性が特に小さく，硝酸や熱濃硫酸とも反応しないが，きわめて強い酸化力をもつ**王水**（濃硝酸と濃塩酸の体積比 1：3 の混合溶液）には酸化されて溶ける。

7 金属の反応性

(1) **ウ**　(2) **エ**　(3) **オ**
(4) **イ**　(5) **ア**　(6) **カ**

[解説]

(1) イオン化傾向が特に大きい Li, K, Ca, Na は，常温の水とも反応して水素 H_2 を発生させる。

(3) Pt と Au は反応性が特に小さく，硝酸や熱濃硫酸などの酸化力が強い酸とも反応しない。ただし，王水（濃硝酸と濃塩酸の体積比 1：3 の混合溶液）はきわめて強い酸化力をもつため，Pt や Au を酸化して溶かす。

(4) イオン化傾向が H_2 より小さい Cu〜Ag は希酸には溶けないが，硝酸や熱濃硫酸などの酸化力が強い酸とは反応して溶ける。このときに発生するのは H_2 ではなく，一酸化窒素 NO（希硝酸との反応），二酸化窒素 NO_2（濃硝酸との反応），二酸化硫黄 SO_2（熱濃硫酸との反応）である。

(5) Fe はイオン化傾向が H_2 より大きいので，希塩酸や希硫酸などに溶ける。ただし，濃硝酸に対しては**不動態**（表面にち密な酸化物の被膜ができて内部が保護された状態）をつくるため，溶けない。Al や Ni も，濃硝酸に対して不動態をつくる。

(6) Pb はイオン化傾向が H_2 より大きいが，塩酸や希硫酸には溶けない。これは，**生成する塩化鉛(Ⅱ) $PbCl_2$ や硫酸鉛(Ⅱ) $PbSO_4$ が水に不溶である**ため，金属の表面をおおい，反応が進まなくなるからである。

8 電池の原理

① **電解質**　② **電池**　③ **陽イオン**
④ **負極**　⑤ **正極**　⑥ **負極**
⑦ **正極**　⑧ **酸化**　⑨ **還元**

[解説]

電池では，電子が流れ出す電極を**負極**，電子が流れこむ電極を**正極**と定義する。

電池の負極では，電子を放出しやすい物質（還元剤）が酸化される反応が起こる。一方，正極では，電子を受けとりやすい物質（酸化剤）が還元される反応が起こる。

9 塩化銅(Ⅱ)水溶液の電気分解

(1) Cu^{2+}, Cl^-, H^+, OH^-　(2) **イ**
(3) **陽極**
(4) 陽極…$2Cl^- \longrightarrow Cl_2 + 2e^-$
　　陰極…$Cu^{2+} + 2e^- \longrightarrow Cu$

[解説]

(1) 塩化銅(Ⅱ) $CuCl_2$ の電離で生じる銅(Ⅱ)イオン Cu^{2+} と塩化物イオン Cl^- のほかに，水の電離によって水素イオン H^+ と水酸化物イオン OH^- がわずかに生じている。

(2) 電子は，電源の負極から出て，外部回路を通り，正極に入る。

(3) 外部電源の正極と接続している A が**陽極**，外部電源の負極と接続している B が**陰極**である。

(4) 陰極には電子が流れこみ，**最も還元されやすい物質が電子を受けとる**。
　＜還元反応の起こりやすさ＞
　Ag^+, $Cu^{2+} > H^+$, $H_2O \gg Al^{3+}$, Na^+, K^+
陽極では**最も酸化されやすい物質が電子を失い**，電子が流れ出る。
　＜酸化反応の起こりやすさ＞
　I^-, Br^-, $Cl^- > OH^-$, $H_2O \gg NO_3^-$, SO_4^{2-}